身边的草木
杜巍 著
HAN BOOK 版
武汉出版社

《江城科普读库》编委会

主　　任

陈光勇　朱向梅

副主任

郑　华　邹德清　梁　杰

编　　委

彭竹春　吴宇明　陈华华

胡子君　彭海静　李杏华

刘从康

多媒体支持

武汉出版社数字出版中心

目　录

夏
Summer

秋
Autumn

冬
Winter

春 夏 秋 冬

迎春花

人们、鸟儿和花儿，都期盼春天的到来。春天到了，有明媚的阳光，有和煦的风，有阵阵花香；春天到了，一切的不好都会过去吧。

有的花儿总是迫不及待，春天还未坐稳，它们就已经哗啦啦竞相开放，我都把它们叫作“迎春花”。北方城市里有光杆杆开满黄花的迎春花；南方山坡上有满山遍野的报春花；老家地里都是麦子，开得最早的野花是荠菜和播娘蒿，它们也是我的“迎春花”。

北京的迎春花是落叶灌木，早春先花后叶。武汉的迎春花则叫作野迎春，除了是一种常绿灌木，与北方的迎春花几乎没有区别。植物学家认为，北方的迎春花很有可能是野迎春的北方变种。不过在武汉，迎春花已经名不副实，因为繁缕、阿拉伯婆婆纳、泽漆等野花，早就开了。

冬天里，繁缕已经长好了枝叶，路边空地上到处都可以看到它们的身影。有时候还能看到白鹡鸰或麻雀在草地上寻食，走走停停。繁缕的英文名叫作 Chickweed（小鸡草）。据说日本很多养鸟人把繁缕做鸟食，在法国西堤岛的花市，还常有成捆的繁缕作为鸟食出售。

阿拉伯婆婆纳，是春天另外一种最常见的花了。一开就是一大片，星星点点，宛如花溪。路人叫它小蓝花，我喜欢叫它“阿婆”，因为它的名字太长了。阿拉伯婆婆纳原产于欧洲和亚洲西部的伊朗、沙特一带，开始是作为一种花卉向外输出，但因为其超强的繁殖能力，现在已经逸生世界各地了。“阿婆”的花期非常长，从一月一直持续到五月初。但它每朵花的花期却非常短，每天早上开花，傍晚四五点就凋谢了。

除了外来客阿拉伯婆婆纳，还有原产于中国的婆婆纳。明代王磐撰《野菜谱》：“破破衲，不堪补。寒且饥，聊作脯。饱暖时，不忘汝。”与“阿婆”相比，中国的婆婆纳花小了不少，花色是可人的浅粉。古人记录可食，今人已很少吃它。

武汉的“迎春花”远不止繁缕、婆婆纳和野迎春。草本的野豌豆、南苜蓿，木本的梅花、杏花、玉兰花，还有府河河滩上的老鸦瓣，长江大桥桥头龟山山坡上的夏天无……都在等着和你相见。

1 阿拉伯婆婆纳
2 繁缕
3 泽漆
4 野豌豆
5 迎春花
6 野迎春
7 金钟花
8 蒲公英

荠菜与地菜

早上去菜场买馒头，在菜摊看到已经有荠菜在卖了，感觉真早。

武汉人叫荠菜不叫荠菜，叫“地菜”。

地菜就地菜吧，今儿说说地菜。

地菜是种“南北通吃”的菜。小时候在老家，我们把地菜叫“荠荠菜”，有时候也叫“面条棵”，就是做面时可以放一些进去当青菜来吃。但即使吃它，也不算是正经的常备蔬菜，而是冷不丁地想起来，才会去采一把回来吃。

近年来在武汉的菜场，地菜成了一种春天时常见的蔬菜。不过在武汉，地菜不大拿来下面吃，而是嫩的时候包饺子、炸春卷，老的时候煮鸡蛋。

春天的地菜和冬天的紫菜薹（武汉另外一种常吃的菜）都是十字花科的植物，花有四个花瓣，呈十字形排列。只是地菜的花白色且小，菜薹的花黄色，大得足够蜜蜂在上面睡觉。

想来荠菜被叫作地菜，可能跟它的样子有关。

初春，地菜刚长出来时，叶子贴着地面生长，层叠有序。然后花葶从叶子中间伸出，随着春意渐浓越长越高。花葶上是没有叶子的，葶上生花，花再结果，果实三角形，又像是一颗小小的桃心。这就是地菜的样子。

那人们喜欢吃地菜的哪一部分呢？当然是嫩叶。地菜的叶子像莲座一样贴地而生，而且永远不会离开地面。这样看来，叫荠菜为“地菜”，还是有一定道理的。

不过采地菜的时候要注意，它的叶子形状变化很多，有的裂有的不裂，有的浅裂有的深裂。而且有一些其他植物的叶子有时候特别像地菜，比如蔊菜。

地菜馅的饺子味道还是很棒。虽然因为地菜的叶子水分不是很多而纤维相对丰富，所以没有北方的大白菜肉饺子吃着那么“水灵”，不过地菜有着独特的清新香气，像是春天的气味，白菜比不上。

春卷是我来武汉之后才吃到的新鲜玩意儿。把地菜饺子馅儿用大而薄的面皮儿包起来，然后不煮，而是用油炸。所以要是吃饺子，叫“下饺子”，吃春卷儿，叫“炸春卷儿”。

和饺子比，虽然春卷儿外边也是面皮儿，里面裹跟地菜饺

1 荠
2 荠的花
3 荠的种子

春

子一样的馅儿，但做法变了，味道也大不一样了。新炸出来的地菜春卷儿外黄里绿、外脆内软、外香内也香，咬一口，脆、香、嫩、滑，嗯嗯，老家没有的春天的味道。

早春是地菜的季节。馋了，去菜市场看看，买两把回家，或是去郊外的田里，十来分钟就可以拔一篮子。运气好，还能采到野葱，回去正好择洗干净加到荠菜馅儿里当调料。

等到了农历二三月份，季春时分，地菜就老了，上面的花葶子蹿得老高。不过也正好，“三月三，地菜赛灵丹”。三月三正是武汉人“地菜煮鸡蛋”的时候。“农历三月三，不忘地菜煮鸡蛋。中午吃了腰板好，下午吃了腿不软”。

在武汉，当你看见大爷大妈菜篮子里装着一把把足有二三尺长的老地菜的时候，那是又一年的“三月三”到了。今年三月三的时候，我争取也用老地菜煮一回“地菜蛋”，过一次武汉的“三月三”。

牡丹与芍药

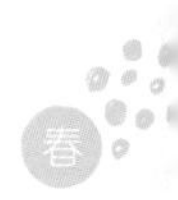

武汉植物园入门左拐，不远的地方就是牡丹园。园中除了牡丹、芍药还有几株其实不是牡丹的“荷包牡丹”。大概是内心里认为，只有“野花”才是花，只有单瓣才是“纯美”，所以对于雍容华贵的“花王”牡丹，却一直是忽略了。直到有一位做中医药的朋友编书，跟我要牡丹的照片，才意识到原来一直都没有专门去观察、拍摄过牡丹。

老家离菏泽不远，所以我对牡丹并不陌生。

形容牡丹，人们几乎第一时间就会想到“雍容华贵”“国色天香”。而每提到“雍容华贵”的牡丹，我就会想到杨贵妃。唐朝女子以胖为美，牡丹花朵硕大，花瓣层层叠叠，论情态，也正似雍容丰腴的美女。“唯有牡丹真国色，花开时节动京城”，宋代郑樵说牡丹“古亦无闻，至唐始著”（《通志略》），牡丹成为受国人热爱的名花，应当也是起于唐朝。

牡丹虽是“名花”，野生资源已经非常少见。除了花色多样、花形美丽之外，使牡丹种群遭受破坏的最大原因，还是“丹皮”的使用。根据洪德元老师研究，在牡丹所属的毛茛科、芍药属、牡丹组中，共有 9 个野生物种和 1 个包含上千个品种的栽培种。而这所有的 9 种野生牡丹均为中国特有，是非同寻常的资源植物。在传统中药中，牡丹的根皮称“丹皮”，是被列入中国药典的常用药材。所谓“丹皮”，即将牡丹挖出，剥掉根部的表皮晒干而成。中药“丹皮”的长期收购使得 9 种野生牡丹中的凤丹和中原牡丹都只剩单株，紫斑牡丹、卵叶牡丹、四川牡丹、圆裂牡丹、大花黄牡丹和矮牡丹接近濒危，目前只有滇牡丹野外资源相对丰富。

芍药与牡丹同属，花、果、叶也都相似，只是牡丹是灌木，秋天落叶后地上还有半高不高的枝干；而芍药则是多年生草本植物，秋后地上部分枯萎，地下部分依然鲜活，待来年春天重新生发。

野生的芍药一般生长在海拔 1000 ~ 2300 米的山坡草地，因而在低海拔地区一般不容易种活。相比牡丹，古人对芍药的认识要早得多。“溱与洧，浏其清矣。士与女，殷其盈矣。女曰观乎？士曰既且。且往观乎？洧之外，洵讦且乐。维士与女，伊其将谑，赠之以勺药。”这是《郑风·溱洧》中的诗句：溱

1 牡丹
2 牡丹
3 紫斑牡丹
4 芍药
5 芍药

水洧水，河水清澈流淌；男男女女郊游城外，熙熙攘攘；姑娘说，咱们去看看吧？小伙说，我已经去过了；再去一趟也不错！洧水对岸也不错，热闹得很；俩人结伴一起游逛，说说笑笑，赠朵芍药情深意长。芍药又名“江蓠”谐音“将离”，所以情人分别，送朵芍药以表不舍。

二月去看牡丹，牡丹桩子还是灰秃秃一片，只有从上面冒出的新芽才能看到生命的痕迹。但远远突然发现，在这一片萧瑟中有一点火红，原来是一朵牡丹花，许是已经受够了漫长的冬天，迫不及待地开放了。

棕榈与蒲扇

棕榈，武汉很多。郊区山上有，市区作为行道树的也不少见。深秋或是初春，有时还会遇到园林工人修剪棕榈树干上的棕。棕长多了的棕榈树显得有点“邋遢”，灰头土脸的。修剪过后，就“精神”多了。

小女儿三岁多的时候，有一天我和她妈妈带她在校园里逛，走到半道，小女指着一棵棕榈树上的“棕”问，“妈妈，这是树的蚕茧么？”妻子转而问我，这“棕”是棕榈的树皮吗？我也一下子被问住了：我还从来没思考过这个如此“常见”的问题。

回家赶快补功课，才知道棕榈树的这些“棕”原来是叶子的一部分。一片完整的叶包含叶片、叶柄和托叶三个部分。而棕榈的叶柄基部会扩大，形成富含纤维的鞘包裹在树干上。当叶片凋落，叶鞘慢慢解体，其中呈网状的粗纤维就裸露出来了，这就是棕榈的“棕”。

棕榈是常绿乔木，它的叶子代谢比较慢，你观察一棵棕榈树几年，也很少发现它的样子有太大的变化。不过，春华秋实的自然节律依然循环不止。每年春天三四月，棕榈树顶就会七零八散地伸出几根黄黄的大穗子，像是放大版的谷子，不过外边有苞衣。老百姓管这个叫“棕鱼”，是可以吃的。折下整根“棕鱼”，剥开苞衣，里面就是嫩黄而密集的“鱼子”（其实就是小花）。掰开洗净，过热水焯一下捞出，把水控干，就可以加大蒜、青辣椒、大料、腊肉等炒着吃了。

但是若摘晚了，虫子也就来了。棕榈开花时，会看到很多小甲虫，有时候苍蝇、蜜蜂也会过来凑个热闹。此时，若是凑过去闻下花，你会嗅到一种奇特的香味，这是由脂肪酸衍生物、3- 戊酮、十二烷、十五烷、月桂烯以及芳樟醇等多种物质混杂形成的。这种气味主要是用来吸引甲虫为棕榈传粉的。为了吸引这些传粉甲虫，有的棕榈科植物还会自动升高“体温”以达到更好散发气味的目的。如生长在亚马孙流域的星棕属植物，它们开花时散发出浓郁的带有麝香和果香的气味，傍晚时分，成千上万只小甲虫就会循味飞来，给这些植物授粉，小甲虫也顺便把自己喂饱。

老妈第一次来武汉，我带她去汉口江滩玩。进了江滩的大门，就能看到一排排的棕榈树。老妈说，蒲扇就是这个树的叶子做的吧。老妈没有学过“植物学”，可她看到棕榈就想到了扇了大半辈子的“蒲扇”。回去以后，她一定会跟她的那些老姐姐们说，她来武汉看到做“蒲扇”的树了。

在没有空调，甚至是少有电扇的年代，蒲扇是每个家庭必备的夏季用品。不过，蒲扇通常是用蒲葵的叶子做成的。蒲葵不及棕榈耐寒，是一种生长在我国南方（两广、云贵、海南等）的棕榈科植物，算是棕榈的热带、亚热带表亲。不过，武汉土生土长的棕榈树叶虽然较少用来制作扇子，却有一项跟老武汉人生活更加密切相关的用途。在席梦思床垫还没有普及的年代，北方的家庭里睡的是硬木板床，而武汉的家庭使用的，则是富有弹性的“绷子床”。这种“绷子床”，就是把棕榈纤维拧成强韧的棕绳，在硬木框中编制而成的。相比于木板，甚至是席梦思床垫，这种通风透气的“绷子床”，其实更加适合武汉湿热的气候。

小姐丫鬟的团扇、军师谋士的羽毛扇、文人骚客的折扇、老百姓的蒲扇，各有各的讲究。蒲扇驱蚊纳凉、拍蛾子挠痒痒，是老百姓手里的宝物。有诗云：“龙皮鹤羽总虚名，何以蒲葵入手轻。羞得团团媚儿女，也烦声价藉公卿。纤茎妙解清凉意，片叶能消热恼情。好语山中储五万，有人持尔慰苍生。”不过要说以蒲扇慰苍生者，可能非济公莫属也。一身褴褛一把破蒲扇，逍遥天下。无怪乎民谣传唱：“逍遥和尚乃济公，天时地理无不通。顽固不化妙指点，手握蒲扇戏顽凶。”

1 棕榈
2 棕榈
3 棕榈
4 棕榈的花
5 棕榈的果实

蔷薇与玫瑰

春

每年四五月份，蔷薇类花卉竞相绽放。公园里的月季花圃边，周末都是游人如织。可公园里的蔷薇，远不及荒野的好。

武汉周边有很多蔷薇类野花，村边、田埂、山坡、茶园，大花的、小花的，粉色的、白色的，重瓣的、单瓣的。有时候在山里会碰到一些村民带着工具专门挖蔷薇类植物，他们叫它“刺花”。有的是挖了带回家种，还有的是作为砧木去嫁接其他品种。武汉周边的野蔷薇不止一种，最多的是粉团蔷薇，还有野蔷薇、七姊妹、小果蔷薇、金樱子等。

粉团蔷薇、七姊妹和野蔷薇，其实是同一种植物，只是花色、花形稍有差异：粉花单瓣的叫粉团，粉花重瓣的叫七姊妹，白色单瓣的是原种的野蔷薇，还有白花复瓣的，叫作白玉堂。

1 粉团蔷薇
2 粉团蔷薇的茎
3 小果蔷薇
4 七姊妹
5 玫瑰
6 月季花

也许是因为刺太多,又不及各种月季的艳丽硕大,种类众多的“野蔷薇”里只有七姊妹、白玉堂等少数几种在园林绿化中有应用。花开时，密密匝匝的重瓣小花，粉色或白色，从高处垂下，枝枝蔓蔓，别有韵味。

我看野蔷薇不用跑太远的地方，就在小区不远的江滩，两三公里岸边都是它。去年带孩子去玩，我抓一把花瓣给女儿闻，好香是么？她点点小脑袋。然后我跟她说，这个还可以吃呢。然后,就找了一朵刚开的花,取了花瓣丢到嘴里,嚼了嚼咽下去,没什么特别的味道。其实我也是在网上看到有人吃它。结果，晚上我就有点腹泻了。不熟悉的东西，还是不要随便去品尝。后来，清明节陪妻子回老家扫墓的时候，看到粉团蔷薇。家妻说她们把粉团蔷薇的幼茎叫“刺棍”，小时候经常吃。剥去外面的带刺的皮,中间的秆子晶莹透绿。扫完墓大家就掐了一大把,回去慢慢吃，感觉又回到了童年。

月季花算是蔷薇类植物中的佼佼者，只要温度适宜，它便月月开花。武汉的道路这几年变成了月季的花园。路边的绿化带，特别是高架桥中间的隔离带上，都种了许许多多颜色各异的月季。

玫瑰是蔷薇花里的另一位明星。人们似乎对它颇为熟悉，每年二月，花店里的“玫瑰”都会成为销售的“明星”。但其实很多人并没有见过真正的玫瑰。花店里售卖的，其实都是商业化栽培的现代月季。在武汉的各大公园，也难以见到真正玫瑰的身影。

紫荆花

说起“紫荆花”，许多人都知道：这个是香港特别行政区的区花。当他们在武汉的公园、街头看到满树开满小花的紫荆时，很多人会问，这就是香港区花的“紫荆花”吗？

答案自然是否定的。香港的“紫荆花”正名红花羊蹄甲，俗称洋紫荆。不过，这两种“紫荆”都是豆科植物。豆科又分三个亚科：含羞草亚科、蝶形花亚科和云实亚科。含羞草亚科的花是辐射对称的，后两者的花则是两侧对称。我们常见的野豌豆的花属于蝶形花科，而紫荆的花是假蝶形花冠，属云实亚科。

云实类和蝶形类花虽然粗看都像小蝴蝶，但仔细看还是有不少区别。两种花上面那个特招眼的大花瓣——旗瓣，在野豌豆花里它是处于两个翼瓣外边的，而紫荆的旗瓣则是在翼瓣的内侧。另外，蝶形花冠的两个龙骨瓣是联合的；但在紫荆花里，它们是分离的。除花瓣外，它们的雄蕊也是不一样的。蝶形花的雄蕊是二体雄蕊（10 枚雄蕊中有 9 枚联合了，另外一枚孤零零地在一边靠着），但在云实类的花里，雄蕊是相互分离的。

紫荆是土生土长的中国植物。红花羊蹄甲虽然又叫“洋紫荆”，其实也原产于我国，在广东、广西、福建等省是常见的行道树。早在 1965 年，香港就已经采用洋紫荆作为“市花”，当时新成立的市政局（Urban Council of Hong Kong）就用了洋紫荆为标志。1997 年后，中华人民共和国香港特别行政区继续使用洋紫荆花的形象作为区徽、区旗及硬币上的图案。

“洋”一般代表舶来品，香港的红花羊蹄甲为何又叫作“洋紫荆”呢？其中还有一段故事。

洋紫荆最早是在 1880 年左右被一个法国传教士 Jean-Marie Delavay 发现。有一天，老先生没事在港岛西部岸边溜达，无意间发现了一棵开着美丽的花的树，这棵树就是现在所有洋紫荆的亲本来源了。

几年之后，一棵克隆株被移栽到香港动植物园。这棵被移栽的树就是后来 1908 年 Stephen Troyte Dunn 发表洋紫荆的模式株。在论文中，Dunn 写道：“紫荆花的花虽然很美，可惜不能结籽。这种树目前在园林中还是太少，以后可能也是这样，因

1 紫荆
2 紫荆的叶
3 紫荆的花
4 紫荆的果荚
5 红花羊蹄甲
6 红花羊蹄甲的花

为它只能通过扦插才能繁殖。”但对于为什么洋紫荆不能结籽，Dunn 当时还是无法给出解释。

直到现在，人们通过基因技术手段才算弄明白，原来洋紫荆是一个天然杂交种（Bauhinia variegate 和 Bauhinia pur purea 杂交）。不过 Dunn 当时的担忧倒是有点过虑了——现在在香港的洋紫荆就有 25000 多株，世界各地更是不计其数。

即使如此，洋紫荆这个物种还是有灭绝的风险。因为数量再多，它们的基因背景其实也是一样的。在这种情况下，如果某一天出现一种病菌能使一株洋紫荆病死，一旦传开，就可能威胁所有洋紫荆。

解决这个问题的方法之一就是让洋紫荆恢复有性生殖的能力。香港的研究人员已经在基因层面上开始进行洋紫荆的繁育和疾控研究。洋紫荆的叶子像一个心脏，在香港有“智慧叶”“聪明叶”的别称。希望人类的智慧能够留住这个美丽的物种。

楝花，一头亲情，一头爱情

古人将从小寒到谷雨的一百二十日，分五日一候，共二十四候。每候一花，“始梅花，终楝花”，这就是“二十四番花信风”。

小寒：一候梅花、二候山茶、三候水仙；

大寒：一候瑞香、二候兰花、三候山矾；

立春：一候迎春、二候樱桃、三候望春；

雨水：一候菜花、二候杏花、三候李花；

惊蛰：一候桃花、二候棣棠、三候蔷薇；

春分：一候海棠、二候梨花、三候木兰；

清明：一候桐花、二候麦花、三候柳花；

谷雨：一候牡丹、二候荼蘼、三候楝花。

四月中旬，正值谷雨时节。小区后边修路，把院墙砸了，原来躲在墙后的一棵楝树露出来，满树紫色的楝花，衬着蓝天白云，显得格外好看。

那天带小女儿下去玩，看到楝花已经开始簌簌飘落。灰色的水泥地上，一朵朵、一片片浅浅的紫色，随意舒心。我跟小女说，在树下不要动，爸爸上树折几枝下来，等妈妈下班回来你就可以送给她了。她很乖，在树下一动不动看着我上树摘花。

摘下来，旁边捡根藤条扎了一下，楝花一下子就感觉高大上了不少。感觉我也是插花艺人了，哈哈。

对于楝树，我其实再熟悉不过。小时候在奶奶家长大，而奶奶家堂屋前就有一棵大楝树。许是我那时只记得盯住院子里的枣树，而忽略了楝的花开花谢。但即使再不关心楝树的人，每年八月都要提起它一下。

老家风俗，姑娘结婚出阁，就是别人家的媳妇儿了，要好好过日子。所以一年里固定能回娘家的日子大概也就两个：一个是大年初二，另外一个是八月十五。在二十年前物资还不是十分丰富的时候，姑娘回娘家还是要提着篮子，里面装着馒头、包子、油馍（油条）等吃食。油馍是其中最好的东西了，所以要放到最上面，然后用一条毛巾盖起来。油馍上的油会浸到毛巾上，在油馍与毛巾之间放几片楝树叶，这个问题就解决了。

前天我问母亲，当年走娘家篮子里放楝树叶，除了隔油，还有没有其他的说道？她说没了。不过我自己想，姑娘远嫁他

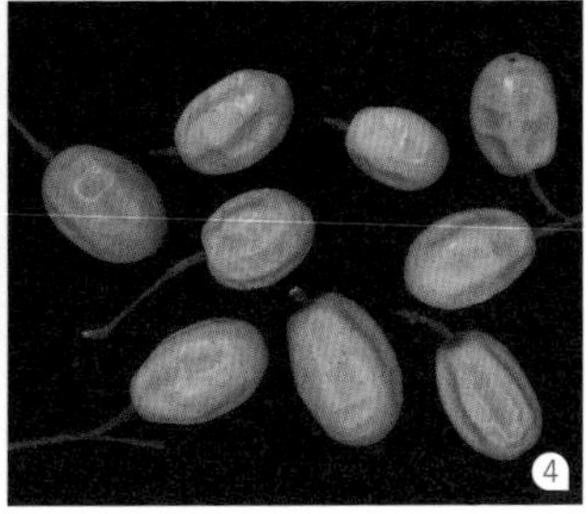

1 楝
2 楝的叶
3 楝的花
4 楝的果实

乡，八月十五回家看老娘，带馒头、包子或是油馍，对老娘来说应该都不重要，倒是那几片楝叶，蕴藏着对母亲养育之恩的思念吧。

日本平安时代有一位女官，叫清少纳言，她写了一本书叫《枕草子》。书里面记录了楝开五月时，有情之人可以紫纸裹楝花、青纸卷菖蒲互赠以表达情意：我想了你一个春天，但一直不敢开口，此春末，送你一束苦楝花，希望你能明白我对你的苦恋……

苦楝、喜树、吉祥草、相思树、合欢树，有情感色彩的植物名称倒是不少。我想，两位互相思慕时种下一棵苦楝树；在一起后，再种下一棵相思树；见过父母，定下佳期，再种下喜树；结了婚，办了酒，再种合欢；待到金婚之年，头发白了，老伴之间再紫纸裹楝花，彼此相送，是不是一件很有意思的事呢。

酢浆草

“酢浆草，俗呼为酸浆。旧不载所出州土，云生道傍，今南中下湿地及人家园圃中多有之，北地亦或有生者。叶如水萍，丛生，茎端有三叶，叶间生细黄花，实黑。夏月采叶用。初生嫩时小儿多食之。”

以上为宋代《本草图经》对于酢浆草的记载。酢浆草南方有，北方也有，只是南方更为常见。酢浆草小叶嫩时，尝起来酸酸的。遛娃的时候见到，常薅几根给她嚼，她很喜欢这个味道。现在她已经认识这种草，会在野外自己给自己找“食物”了。不过酢浆草里的“酸”并不是醋酸，而是乙二酸（草酸）、苹果酸、酒石酸三种有机酸。

酢浆草的果子长圆柱形，有5条楞，像是缩小版的芝麻果实。嫩的时候可以吃，味道也是酸酸的。可如果遇到已经成熟的果实，你去摘的时候，手才轻轻一碰，这个果实就会突然“啪”的一声炸开。小小的褐色种子四射，喷到你的脸上，吓你一跳。

《本草图经》里记载的是野生的黄花酢浆草；城市公园里还有人工种植的红花酢浆草、关节酢浆草和小叶呈三角形的紫叶酢浆草；如果到山里，还能见到白花酢浆草和山酢浆草，很长时间里，这就是我知道的所有酢浆草了。后来，我的一个学生喜欢种些花草，而我的办公室阳台比较大，她就把她的花放我这里养。我自然得个便宜，不用养花而有花可赏，世上没有比这再好的事了。

这一来我才知道，原来在养花人里，还有专门的酢浆草“粉丝团”。他们在全世界搜罗各种酢浆草，引种、种植、培育观赏品种。我的阳台上就有桃之辉酢浆草、棕榈酢浆草、粉花芙蓉酢浆草、熔岩小红枫酢浆草、南非酢浆草、暖暖半岛酢浆草、双色冰淇淋酢浆草等。花有粉色的、橙色的、黄色的、红白相间的。等到酢浆草的花谢了，叶子也枯萎了，这位同学还要把花钵子一个一个拿下来，把里面的土倒在一张报纸上，蹲在地上慢慢扒拉出埋藏在土里的球茎，整理好放到一个一个自封袋里，最后写上名字。酢浆草的无性繁殖能力很强，一年下来，地下会长出很多球茎。收集好，一部分留待明年种植，另一部分还可以拿出来和花友交换品种。

1 酢浆草
2 酢浆草的果实
3 红花酢浆草
4 关节酢浆草
5 紫叶酢浆草

酢浆草的叶多是三小叶构成的复叶，不过有一种酢浆草的叶子全是四片小叶组成的，它就是四叶酢浆草（Oxalis tetraphylla）。这种草原产于萨尔瓦多、危地马拉、墨西哥、巴拿马等美洲地区，现在已经在欧洲、亚洲很多地方引种。很多人相信“四叶草”代表着幸运，所以这种酢浆草又叫作“幸运酢浆草”（Good Luck Plant）。

国民狗尾草

狗尾草没有美丽的花瓣、可口的果实，就是一种朴实无华、平凡渺小的“杂草”。但可能正因为这样，狗尾草才天南地北，无处不在地生长；正因为这样，即使是没有学过什么“植物学”的人，也大多认识狗尾草——这种属于平凡大众的野草。

小时候，爷爷会用狗尾草给我编一只毛茸茸的小狗，老爸也会。二姑比我大十几岁，童年时总带着我到处跑，下地割草或是去家里的西瓜地里看西瓜。二姑也会用狗尾草编小动物，但是编的啥我已经记不太清了，可能是兔子、小狗，或者别的东西。老妈也曾想用狗尾草给我编一个什么东西出来，她从路边拽下几根狗尾草在手里来回摆弄，捣鼓半天后，弄出了一个毛茸茸的、啥都不像的“动物”，在我眼前晃来晃去，逗我说：“看，小狗！”

可能是因为老妈的缘故，到现在我也不会用狗尾草编惟妙惟肖的动物。但每每看到随风摇摆，在太阳下泛着点点金光的狗尾草，便总会想起这些事来。

月初的时候回了一趟老家，去田里转悠时，发现我们那儿竟然种了好多的谷子，让我惊喜得不行。小时候虽然吃了不少小米（我们称谷子为小米），但种在地里的谷子，我还是第一次见到。从二叔家的院子外开始一直往北，有几十亩地，种的都是谷子，许是因为今年价钱好些吧。回家问老妈，我们家也种了一些。农历七月，谷子穗儿基本上已经充盈饱满，一个个垂着沉甸甸的“脑袋”。于是用手机拍了几张照片发给妻子看，她回复：“第一次见麦穗。”我也是醉了……

为何从狗尾草一下说到了谷子？这当然是有缘故的。据说，谷子是由我国古代劳动人民从狗尾草慢慢培育出来的。尽管在现有的物种定位上，谷子（*Setaria italica*）并没有作为狗尾草（*Setaria viridis*）的一个品种或变种，而是一个独立的物种。但在最新的《中国植物志》（英文版）中，在粱（谷子）的物种信息描述最后加了一句话“It is thought to be derived from *Setaria viridis*”（粱被认为是从狗尾草培育而来的）。

虽然被定义为两个不同的物种，但谷子在灌浆之前，无论是植株还是谷穗的样子，都和狗尾草十分相像。到了后期，谷穗灌浆饱满而低垂，两者的区别就越来越明显了。所以，如果在灌浆之前，要从谷子地里锄去狗尾草难度还是很大的，这就是所谓的“良莠不分”。

“良莠不分”的“莠”，讲的其实就是狗尾草。段玉裁在《说文解字注》中说：“禾粟者，今之小米。莠，今之狗尾草。”“良莠不分”一词在明清作品中较为常见，如赵尔巽《清史稿·吴杰传》中说：“驭夷长策，当先剿后抚。未剿遽抚，良莠不分。”不过我总觉得赵尔巽可能原本是要写“粱莠不分”（谷子地里有狗尾草，长起来，不好区分），结果把“粱”写成了“良”。这一错不要紧，“莠”就等同于“不良”、“坏”了。于是，尽管粱是从“莠”培养出来的，可“莠”倒成了“坏人”了，到哪说理去？

说到杂草，倒是想起以前看过的一个视频。大意是一位南非的研究者在马达加斯加岛上找到一种草，看着似乎已经完全死掉了，但是浇上水，24小时就会鲜绿如初，青翠欲滴。她认为，这是一种可以起死回生、延缓衰老的植物。通过这条视频我才知道，原来在美容界，积雪草有着如此的盛名。但这种草在武汉的城市和郊区，却是一种普普通通、无人问津的常见“杂草”。最后那位研究者说了一句话让我印象深刻，她说，这个世界上并没有什么杂草。人世间有一万种疾病，大自然就为我们创造了一万种草药。

1 狗尾草
2 狗尾草的花
3 金色狗尾草
4 狼尾草
5 粱

在我这儿，确实没有什么杂草和“好草”之分。

有一次和朋友们聊天，一位朋友说他们家院子比较大，但是不知道怎么打理，长了一院子的狗尾草。我给他出了一个主意：留着院子里自生的狗尾草，再把湖北常见的狼尾草、大狗尾草、金色狗尾草等等，全弄回来，一个格子里种一种，景观自然就出来了。他说：“嗯嗯，专家就是专家，这主意不错。”

春 夏 秋 冬

槐花、槐花饭

通常所说的“槐树”，其实有槐和刺槐两种。其实，二者的区别只看名字就知道：一个有刺，一个无刺。其中，槐原产于中国，又名国槐，花蕾未开时采收干燥，称为“槐米”。《本草纲目》中记载：“其木材坚重，有青黄白黑色。其花未开时，状如米粒，炒过煎水，染黄甚鲜。其实作荚连珠，中有黑子，以子连多者为好。”这里说的应该就是槐。刺槐原产于北美，18 世纪末从欧洲引入我国青岛栽培，所以刺槐又叫“洋槐”。刺槐是重要的蜜源植物，小蜜蜂特喜欢它。

刺槐每年四五月份开花。槐花产蜜，所以即使是采下来生吃，也是甜甜的，带有一种清香。北方人尤其喜欢吃槐花，蒸饭、炒菜、做汤、做饼，不同的地方，大多还有各自不同的做法吧。

好多年没有吃过老妈蒸的槐花饭了。五月时，二妹打来电话说，今年母亲给我留了槐花，晒干存在冰箱里，等我回去就可以拿出来吃。我工作以后定居长江之南，离家千里，虽不至于风土迥异，但槐花饭是没有的，每至五月槐花飘香时，思乡之情更甚。

“小娃娃，做钩搭，做好钩搭钩槐花。槐花蒸成疙瘩饭，吃得人人笑哈哈。”小时候村里很多槐树，房前屋后都是。老家院子里就有两三棵大的，院墙外路边还有一排，大概十来棵的样子。槐花开放的时候，满树都是白白的花儿，一串串挂满枝头。它们的盛开，许是把整个冬天的积攒都拿了出来，换得一年里最美的一次盛装。

三月榆钱，五月槐花。槐花开时是村里孩子们最快乐的时候了。拿一根足够长的竹竿，再找一段粗细可以做成钩子的铁棍，加上铁丝、钳子，就可以做出钩槐花的钩竿了。

用钩子钩住有花的枝条，用力把竿子一拧，“咯吧”一声，串串槐花就会掉下来。捡到筐里、簸箕里送回家，我们就又跑出去玩了。再回家时，母亲做的香喷喷的槐花饭就已经蒸好了。

槐花好吃的是刺槐，而长槐米的国槐，奶奶家有一棵，开花的时候却是没人去摘来吃的。徐光启在《农政全书》中说：“晋人多食槐叶，又槐叶枯落者，亦拾取和米煮饭食之。”杜甫《槐叶冷淘》诗中也有“青青高槐叶，采掇付中厨”的句子，这里说的应该都是国槐，因为刺槐当时应该还未引入中国。

1 槐
2 槐的花
3 槐的果实和种子
4 刺槐
5 刺槐的花

上小学时，同学们喜欢用槐米给书或本子染色。我常在上学前摘一些槐米带到学校，一两串换一小把瓜子吃。那个时候，同学们好好的书本被我的槐米染黄了，他们落了一个高兴，我落了一肚子瓜子。这槐花虽不能吃，但能换吃的也蛮好。

关于槐，老家一直有一个传说：说我们那里的人都是从山西洪洞县逃荒过来的，老家在一棵歪脖老槐树下。查资料，确实有这样的记载，但我们那里的人是不是真的出自山西洪洞县老槐树下，似乎没有人去寻宗问祖了。

萝卜花、萝卜灯

萝卜是我们常吃的蔬菜，特别是腌制的萝卜条、萝卜皮，无论南方、北方，都是家常小菜。萝卜作为蔬菜，至少在西周就已经有了。《诗经 · 谷风》中“采葑采菲，无以下体”，其中的“菲”就是萝卜。北魏贾思勰《齐民要术》、唐代孟诜《食疗本草》、孟元老《东京梦华录》、后蜀成书的《蜀本草》中，都有关于萝卜的记载。

我们日常见到的萝卜大多是在超市里去掉了叶子、洗得白白净净的样子，可能很多人吃了多年萝卜，却没有见过萝卜的花。萝卜花颜色多数粉粉的，有时候也会有白色的。如果你能看到它们的花，大多是因为菜农不小心把几棵萝卜遗忘在了菜地里。冬去春来，被遗忘的萝卜就会长出叶子，到了四五月份，再开出美丽的萝卜花。

我家在武昌的江边，邻近江边有片防护林，春天林下会长出各色野花来，有紫色的救荒野豌豆、蓝色的斑种草、白色的忍冬，还有粉色的粉团蔷薇和萝卜花。

前年冬天我带女儿小黑去江边的菜地溜达，遇到一位菜农伯伯。菜农伯伯以前是个土郎中，虽没有行医执照，可说起中药来还是一套又一套。我虽不很懂，却也能听个七八成，小黑就不知道能明白几分了。不过那次之后，她对菜农伯伯的菜地倒是念念不忘。有机会我也会带她去江边，顺便看看那里的花。小女孩对粉色的喜爱是天生的。她看到大片的萝卜花，自己去摘了一大把。抓在手里高兴得不得了。我随手扯了两根络石的藤子，去掉叶子，给她绑起来，一个美丽的花束就这样成了。

春天，春风、暖日、自然的野花、天真的孩子，没有比这更和谐的风景了。

也许是看电视里的古装剧太多了，小黑老想着古代应该是什么样。在她的小脑袋里，她知道有一个“古代”，“古代”有各种东西，而且这些东西和现在的不一样。后来她迷恋上了古装、古琴和任何“古代”的东西，再后来，又想知道地球是怎么来的、人类是怎么来的。最近她问我，当什么都没有的时候，世界是什么样子呢?

于是我搜肠刮肚去为她搜罗身边的一切来与“古代”做对比，看到杯子，我说古代没有这么漂亮的玻璃杯，古人用瓢喝水。

然后她会问，爸爸，什么是瓢？看到圆珠笔，我说古人用毛笔写字，但是更早的时候，人们用刀或其他利器写字，写到骨头和乌龟壳上。然后她问，爸爸，什么是“利器”，是力气很大么？

本来答应晚上回家给她做一个“弓箭”，就是我小时候用枝条、绳子、筷子等做来玩的东西。但回来前忘了去找树枝，我只能想其他办法去填补她今天对“古代”的需求。家里左右看了看，打开冰箱，然后我跟女儿说：“来，我们做两盏古代的灯吧！”她欢呼雀跃，拍着手蹦蹦跳跳。然后一边跑向洗手间一边喊：“爸爸，等等我，我要看……”

等她从厕所出来，我拿出萝卜，切成两段3厘米高的萝卜“桩”，然后用勺子在萝卜“桩”中间挖出一个小坑，倒进一点花生油，再从擦桌子的抹布上撕下一根细细的布条当灯芯，一个“古代”的灯就做好了。

放在客厅的茶几上，关了灯，周围一片漆黑。小黑趴过去看她的“古代灯”，在小火苗的映衬下，露出甜蜜且满足的笑。此时，我的心也被这微弱的火光暖化了。小黑妈妈也很喜欢这两盏“古代”的萝卜灯，许是勾起了她对烛光晚餐的念想。于是，一大一小，我生命中两个女人，趴在灯光前，你一言我一语地说笑，我在旁边端详着她们，突然觉得，这个效果，比什么“弓箭”好多了。

生活不需要太多的壮阔，用心去爱，都是温情。

1 萝卜
2 萝卜的花
3 萝卜的花
4 长羽裂萝卜

绶草，美女的披肩发

在我们的文化中，梅、兰、竹、菊称为“四君子”，常用来寓意品德的高尚与清雅。而对于兰，还以“幽”字去衬其不俗的身份和幽秘的生境，好像兰花一定要生活在人迹罕至的山谷之中。当然，我国约 60% 的兰科植物都分布在云南省境内，它们大多生长在密林之中。不过，在城市里，我们依然是可以看到野生兰花的，比如：绶草。

绶草的名字里虽然没有“兰”字，但确实属于兰科植物。绶草属于兰科绶草属。这个属的植物有 50 多种，主要分布在北美洲，我国只有绶草这一个种。绶草在我国广泛分布，生活环境也是各种各样，水边、林下、干旱草地、沟边，甚至城市的园林草地，都可能发现它的身影。

绶草因其花序似绶带，故名绶草。绶带指古代用以系佩玉、官印等东西的丝带。《礼记 · 玉藻》曰：“天子佩白玉而玄组绶，公侯佩山玄玉而朱组绶，大夫佩水苍玉而纯组绶，世子佩瑜玉而綦组绶，士佩瓀玟而緼组绶。”大意是：天子佩白玉，用天青色的绶；诸侯佩山青色的玉，用朱红色的绶；大夫佩水苍色的玉，用黑色的绶；世子佩美玉，用彩色的绶；士佩似玉的美石，用赤黄色的丝带。

绶草喜水，如果遇上初夏阴雨连绵的天气，它们就会在绿油油的草地里开辟出一片粉色来，对于喜欢植物的我来说，这是无与伦比的美。但你若不认识它，绶草也只是万千杂草中的一种。每过一段时间，生长在城市草坪中的绶草和其他野草一样，都会被园林工人齐刷刷地割一遍。哎，可怜的绶草！

每年五六月，如果遇上几场小雨，武汉大学信息学部一号教学楼前面的草坪上都可以看见绶草。前年绶草开放时，为了它们不被割草机“涂炭”，我移栽了几棵到我的小花园里。把方便面的纸碗底部打孔，用喷漆把内表面喷一遍，然后用吹风机吹干，一个花盆就做好了。女儿小黑在旁边一直看着我，然后她陪我一起把绶草残缺不全的叶子择洗干净，一棵一棵栽到“花盆”里。不错哦，我们把“草”变成了“花”。栽好的绶草放在客厅的地板上，小黑趴着说，“爸爸，我喜欢这个粉色的小花”。

后来，我又在楼梯间的缝隙里种了两棵橡树（小叶栎），

1 绶草
2 绶草
3 绶草

小黑也一直在楼梯间陪着我，和我一起给小树培土、问这问那。后面的一个月，我打算把给绶草和橡树浇水的事交给小黑。也许，经过这一过程她对植物的感觉会越来越好吧。

至于绶草的花为何螺旋排列，2012 年有日本学者进行了研究。他们发现绶草的传粉昆虫主要是切叶蜂。绶草花螺旋排列越紧密、螺旋角度越大，昆虫给它们授粉的机会就会变少，结实和花粉块的移出也会相应减少。这说明，花的三维排布会影响昆虫的访花行为，反过来，昆虫的访花行为也会对花三维排布的进化起到选择作用。

绶草的花螺旋而上如盘龙，地下则有肉质根，所以它还有一个名字，叫作“盘龙参”。外国人在广东第一次采集到这种植物时，还给它起了个超美的名字：Chinese lady’s tresses（中国女子的披肩发）。根据绶草花的样子，这个披肩发应该是大波浪吧。广东沿海接受外来文化较早，也许在 20 世纪初，那个地方的女子已经在做波浪式的发型，所以绶草才有了这么唯美的英文名字。

皂荚与无患子

几年前有幸认识李爱景老师。李老师喜欢拍鸟，在她的朋友圈里经常能看到各种姿态多样，活灵活现的鸟儿；她也喜欢植物，有一次在她的朋友圈里看到她写的皂荚：

> 家乡的小山村里有一棵皂角树（老家人叫它蕉蕉树）。小时候我就觉得它是棵大树，几十年过去了，它依然健在。记得小时候，衣服脏了没钱买洋碱（肥皂）洗，都会提前上树用夹杆（竹子制作的采摘神器）采摘尚未成熟（绿色，成熟后为棕黑色）的果实，到山下河沟里洗衣服时用棒槌将其砸碎，包进脏衣服里加水揉搓，像用肥皂一样可以起泡沫，也可以去污把

衣服洗干净。每次上树，当快爬到主干与枝丫交界处的时候，都会被树上的刺刺扎到。有人会说，你事先可以把那刺刺给拔掉啊！拔掉？谈何容易！皂角刺（实为皂荚刺）是豆科皂荚的棘刺，不像月季上的皮刺、也不像刺槐上的托叶刺等是可以很省力地用手掰掉的，它是枝刺，内部与树干的木质部相连，很坚硬也很难折断。皂荚的棘刺，是一种很有用的中药材，具有搜风、拔毒、消肿、排脓的功效，可治疗痈肿、毒疮、癣疮和胎衣不下等疾病。

读李老师的文字，像是拉家常，给人感觉特别舒服。我读这段则更觉亲切。李老师和我都是河南人，小时候也都经历过用“洋碱”的年代。李老师老家在河南北部太行山区，山里有皂荚。我老家在黄河冲积平原，皂荚在我们那儿是看不到的，最多有个带刺的刺槐已经不错了。第一次见这个树还是来武汉后，武大梅园操场附近就有几棵大的，长得十分高。每年开花的季节从它下面经过，只能听到蜜蜂“嗡嗡嗡”采蜜的声音，但看不到花，最多只能在地上捡到从树上掉下的落花，浅绿色，不是很鲜艳，但很香。过了秋，皂荚长大后会落下来。一个皂荚有 15 ~ 30 厘米长，长得十分壮实。只可惜，每次捡到它都只是拍摄记录，还没有体验过用它洗衣服的功能。

除了皂荚，皂荚树最让人印象深刻的还是树干上那些粗粗壮壮、锐利无比的大刺。这些刺一般长在离地面不高的地方，相当于人的脚踝到膝盖之间的位置，高处也会有些，但不会很多。很显然，皂荚树不想让你往上爬嘛，这是皂荚给自己设的“篱笆墙”。根根大刺，谁爬扎谁，不爬你俩相安无事。

不过皂荚进化出强大的篱笆墙绝对不是为了扎人的，而是它在很久以前和一种或多种动物相互“博弈”的结果。皂荚的花中含有大量的蜜，对于动物而言，食物是除了繁衍之外最大的吸引了。试想，如果它的花期，来了一群动物，毫不费劲地爬到树上，然后放开肚子一顿饱餐，皂荚今年开的花就白费了。所以，它需想办法阻止这些掠食动物。于是乎，它在动物爬树的起点，也就是树的基部长出了吓人的大刺。可以想象，也许在很久很久之前，那些高大的皂荚树基部沾满了不知名动物的血迹和皮毛。后来的小动物一看，哇！就跑没影儿了。

美国皂荚（*Gleditsia triacanthos*）原产美国，是皂荚的同属近亲。美国皂荚也有大刺，这种树还有个名字叫蜜槐（*Honey locusts*），荚果含有大量的糖分，北美负鼠（*Didelphis virginiana*）、短嘴鸦（*Corvus brachyrhynchos*）、白尾鹿（*Odocoileus virginianus*）、东部棉尾兔（*Sylvilagus floridanus*）、山齿鹑（*Colinus virginianus*）等野生动物都喜欢吃它。北美负鼠个头不大，大约像一只超大号的老鼠，它可以在皂荚的尖刺之间穿行；短嘴鸦和山齿鹑可以直接空降，完全不把刺放眼里；白

1 无患子
2 无患子的花
3 无患子的果实
4 皂荚
5 皂荚的花
6 皂荚的果实
7 皂荚的刺

夏

尾鹿和东部棉尾兔都不爬树，它们只是吃落到地上的荚果。皂荚刺的防御功能对它们都不起作用，那么，促使皂荚长出锐刺的会是哪种动物呢？我推测可能是美洲黑熊这样的大型动物，不能飞，会爬树，可食素，又喜欢甜食。如果看中国皂荚的分布图，你会发现它主要分布在我国的黄河以南、横断山脉以东地区，这个区域也正是我国亚洲黑熊的分布地区。

皂荚虽然不认识李白，可它知道“一夫当关，万夫莫开”，明白“好钢用到刀刃上”。只把刺放在最需要、最有效的地方，这就是植物的智慧。

比起皂荚，另一种树在武汉市的大街小巷更加常见，它就是无患子。无患子又称“南方皂荚”，它的果子熟了后，把果肉在水里揉吧揉吧，也会出泡沫，是很好的天然“洗手液”。无患子是无患子科、无患子属的高大乔木，它的属名 Sapindus，就是由“Soap”和“Indicus”合并而成的，意思是“印度的肥皂”。晋崔豹的《古今注》中记载：“昔有神巫曰宝眊，能符劾百鬼，得鬼则以此木为棒，棒杀之。世人相传以此木为器用，以压鬼魅，故号曰无患。”这是说，这无患子的木可以棒杀厉鬼，所以可以让人无患，故得名。唐代段成式《酉阳杂俎》也有记载：“无患木，烧之极香，辟恶气。”无患子木是否烧来极香，不得而知，果肉泡水洗手倒是不错。每年秋季，武汉许多街道落满成熟的无患子果实，你若遇到，可以一试。

油爆枇杷伴着面

来武汉之前没有吃过枇杷果，更没有见过枇杷树。小时候最熟悉的果树是梨树，离家不远处就有一个梨园，每年三月，满园的梨花，雪白一片。

枇杷树和梨树的长相可说是相差十万八千里。枇杷四季常绿，叶子革质坚硬且生有棕色绒毛；梨树叶子则光洁柔薄，春生秋落。人们常用“梨花带雨”来形容女子的柔弱与惹人怜爱，但换作枇杷，我想该是豪放直爽的“女汉子”了吧。

梨子和枇杷虽然长相相异，但却是同科的“亲戚”。它们同属蔷薇科，枇杷属枇杷属，梨则属于梨属。

武汉园林里，枇杷是很常见的植物。枇杷冬季开花，花白色、五瓣，直径仅有1厘米左右，掩藏在硕大的暗绿色树叶中间，不太引人注目。枇杷的“高光时刻”，是在初夏果实成熟的时候。满树金黄色的硕果，总让人有一种口舌生津的感觉。这也许是认识枇杷最好的时机。

大约是因为易受伤，不耐储运的缘故，枇杷在水果店里，总不如苹果桃梨、柑橘蕉柚常见。我第一次吃枇杷是在河南信阳玩的时候。山野里看到一树满满的黄果果，看了下四周，似乎不属于任何人，那就是我的啦！爬上树，一边吃一边往兜里装，那种惬意你能想象。

成熟的枇杷还是很好吃的，没有苹果的脆，倒有梨子的爽。一口下去，绝不拖泥带水，嚼两口，有一种淡淡的甜香。《齐民要术》引《荆州土地记》曰：“宜都出大枇杷。”那个时候宜都属于荆州，现在的宜都属湖北宜昌市管辖。我在鄂西做野外调查的时候见过不少野生的枇杷。虽然枇杷在城市环境中十分常见，但看到纯野生的还是十分兴奋。

其实严格来说，小时候也是吃过枇杷的，只不过这个“枇杷”藏在川贝枇杷膏里。小时候感冒引起上呼吸道发炎，咳嗽不止。父亲给我拿这个药，说很甜。小朋友对甜的抵抗力是极低的。但我尝了后发现并没有那么甜，倒有一种薄荷一样清凉的感觉。很长时间都以为，“枇杷膏”应该就是用黄橙橙的枇杷果做成的。但后来知道，入药的其实是枇杷叶。有懂中医的朋友还说，药用的枇杷叶要老叶，就像老山参一样，嫩叶的药效不好。取枇杷老叶，去除杂质、枝梗、绒毛，喷清水润

1 枇杷
2 枇杷的花
3 枇杷的果实
4 枇杷花的切面
5 枇杷果实的切面

软后切丝、干燥，这样枇杷叶就炮制好了。而后蜜制还是泡水，就看自己爱好了。

说到枇杷，难免想到琵琶。白居易《琵琶行》中“千呼万唤始出来，犹抱琵琶半遮面。”有人说，琵琶是因为琴身卵形，略似枇杷而得名。其实不然，汉刘熙《释名》中说：“枇杷本出于胡中，马上所鼓也。推手前曰枇，引手却曰杷，像其鼓时，因以为名也。”原来“琵琶”本为“枇杷”。后来避免琴与果同名，才把琴名改为“琵琶”。

我总想，若把枇杷果肉去皮切丁，裹浆略炸，再将白糖熬成糖浆，枇杷丁浇糖浆。这道“油爆枇杷伴着面”如若出世，当能火爆！

凌霄花

提到凌霄花，很多人会想起舒婷的《致橡树》：

我如果爱你——

绝不像攀援的凌霄花，

借你的高枝炫耀自己；

我如果爱你——

绝不学痴情的鸟儿，

为绿荫重复单调的歌曲；

……

舒婷说，她创作了不少的散文和诗歌，但人们单单记住了《致橡树》，记住了凌霄花。凌霄花也成了“攀高枝”的象征。

凌霄花常见，从南方至北方，随处都能看到凌霄花的身影。特别是每年的夏秋季节，凉亭、路边或楼下，攀援于墙头、偎依在房顶，橙红的一片，像喇叭一样的花朵，在绿叶的衬托下显得鲜艳无比。凌霄花是园林大叔们的最爱，好看、好种，又好养活。

凌霄属全球只有两个物种，凌霄和厚萼凌霄。凌霄产自中国和日本，厚萼凌霄原产于美洲，武汉见到最多的是厚萼凌霄。因产地之故，厚萼凌霄也叫美国凌霄，它主要分布在美国的中南部，但在安大略湖畔依然可以看到它的身影。最早把厚萼凌霄引入园林的是维多利亚时代的英国植物猎人，在17世纪的英国，厚萼凌霄已经在这个国家广泛种植。

厚萼凌霄自从离开本土，便在许多温带国家展枝散叶。但起初，欧洲人对这个外来物种到底是何方神圣一直摸不着头脑。维多利亚的拓荒者开始叫它茉莉或是金银花，后来改叫风铃花。在植物的归属中，厚萼凌霄开始被帕金森（1567—1650，英国早期植物学家）归到夹竹桃科罗布麻属，一直到1700年它才回到紫葳科，依然在紫葳属。厚萼凌霄还有一个有趣的名字叫作Hummingbird vine（蜂鸟藤），这是因为厚萼凌霄在美洲的主要传粉者为蜂鸟。在北卡莱罗纳州一些地区，人们甚至为了保护蜂鸟，专门种植凌霄花给蜂鸟提供食物。这些地点也成了当地观鸟爱好者的观鸟点。厚萼凌霄为了吸引蜂鸟，会分泌大量的花蜜。它的花蜜多得甚至你稍稍碰一下它的花，就会“哗”

的一下流出来。不信明天你去试一试。

厚萼凌霄花筒深长、颜色鲜红、没有香气而分泌大量花蜜，具有这些特征的花，大多是靠蜂鸟等鸟类传粉的。中国没有蜂鸟，所以在中国生长的厚萼凌霄也很少结实。

如果你仔细观察，还会发现，即使没有开花，依然会有很多蚂蚁在凌霄花的花苞、枝叶上来回忙碌。再仔细看，花萼的外围有一些疙疙瘩瘩的小点，蚂蚁会在那里驻足、舔舐。原来，它们是在吃蜜。只是这些蜜不是花儿里面产生的，而是花外蜜腺分泌的。凌霄花属于紫葳科。紫葳科植物有约 120 个属，大部分生长在热带地区。其中约 110 个属的植物都具有花外蜜腺。这些花外蜜腺有的在花萼、花冠上，有的在叶柄、甚至果实上。

花内蜜腺分泌花蜜是为了吸引传粉昆虫帮它们传粉，花外蜜腺分泌蜜汁，则是为了吸引蚂蚁。蚂蚁和很多植物之间存在着共生关系。植物为蚂蚁提供食物，蚂蚁则会驱赶啃食这些植物的其他动物，为植物正常生长提供保护。原产于美洲的厚萼凌霄漂洋过海来到中国，中国的蚂蚁一样也抵抗不了甜蜜的诱惑。所以，你会发现凌霄花的叶子，很少会被昆虫啃食得千疮百孔。

除了这些，凌霄花还有一个有趣的特征。凌霄花雌蕊的柱头顶端，是裂开成两片的。当你轻轻触碰柱头的时候，两片裂片会像含羞草一样缓缓关闭，一段时间后再轻轻打开。再碰，

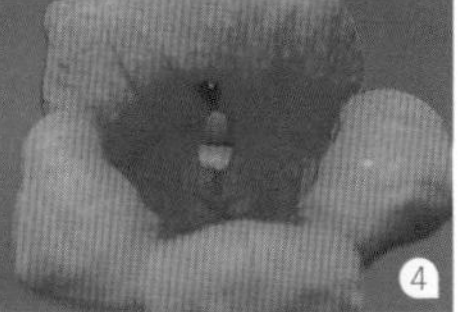

1 厚萼凌霄
2 杂交凌霄
3 厚萼凌霄的果实
4 凌霄花的柱头
5 凌霄萼筒上的蜜腺

又会再次“羞涩”地缓缓关闭……这种会动的柱头在植物学上还有一个名词，叫作“触敏柱头”。

凌霄花的柱头触碰闭合后又会打开，是因为它“发现”柱头上并没有接收到花粉。只有接受了足够多的花粉（>350 粒），柱头才会永久关闭。而且柱头接受的花粉越多，关闭的速度就越快。

柱头关闭可以阻止过多的花粉沉积到柱头上，从而减少花粉管之间的相互干扰，并为花粉的萌发和花粉管的生长提供更适宜的环境。但有时，也会因柱头过早关闭造成授粉不足，使植物的结实率大大降低。据调查，美洲野生的厚萼凌霄，结实率只有 1% ~ 9%，少得可怜。

荷　花

上小学时，学校门前有一个很大的池塘。夏天，池塘里会开满荷花。我喜欢在池塘边钓鱼，也喜欢偷偷摘池塘里的荷花。

荷花（莲）南北分布很广，湖北是千湖之省、鱼米之乡，莲更是多见。前几日认识了一位朋友，在他的园子里，几百个椭圆形的大盆（做莲品种培育用的）行行排列，确实让我觉得震撼了。那天吃了午饭，席地而坐聊天。我问他藕带到底是个什么东西，在武汉吃了不少年了，却一直没有搞明白。朋友确实是专家，洋洋洒洒，给我讲了两个多小时。

于是我知道了藕带是藕的匍匐茎。而藕是莲的营养茎。还知道了按用途，莲可分为花莲、籽莲和藕莲。花莲用以观花，籽莲用以收莲子，藕莲则“主管”产藕。花莲一般并不产藕；

籽莲和藕莲虽然不为观花，但花还是会开的。

藕莲、籽莲的花大多有花瓣十余枚，是“单瓣”的；花莲则多是重瓣的。朋友培育了不少花莲品种，他说其中有花瓣达到一千多枚的。我的天！人们常以“花开并蒂”来寓意“百年好合”。“并蒂”就是在一根花梗上长出两个花芽、开出两朵花。莲是典型的单花，出现“并蒂”的概率只有几万分之一。可朋友说，他还培育出了七花并蒂的莲花，起名“七仙女”。

说到藕莲，他有点小激动。他说武汉人真是会生活的“吃货”，把莲上上下下吃了个遍。老莲子做羹、嫩莲子当作时令鲜果、藕带爆炒、荷叶蒸饭，当然最有特色的就是莲藕排骨汤。我虽然在武汉生活了十几年，又娶了一个武汉的媳妇儿，但对于“吃”平时并没有太多注意。经他一说，感觉确实如此。我给他补充说，武汉还有荷叶茶。

他说对，荷叶茶他也喝，而且很有讲究。做荷叶茶的荷叶一定要在水质好的地方挑选。取幼嫩的荷叶一两片，先在微波炉里加热30秒到1分钟脱水，然后撕成1厘米左右小块注入热水，一缕荷叶清香便会悠然飘出。朋友说，他每年都带小朋友做荷叶茶，这是一个体验自然的过程。走近荷塘，收获的远不只是一杯荷叶茶。

那次，他还准备了一些他培育的“藕秆子”（荷叶的叶柄），说给我带回家炒着吃，可惜走时却忘记带了。所以，到现在我还没吃过藕秆子。想起来总有点期待。

1 莲
2 莲
3 莲的匍匐茎
4 莲的花托

茉莉花开

我喜欢闻茉莉花的香，馥郁、甜淡。如果非要用一个词去总结茉莉花的香，我想用“幽香”。茉莉的芳香时而飘来在你的鼻腔里来回闯荡，让你整个身心都为之陶醉；时而又悄然飘去，只留一个尾巴，让你依稀感觉到它的芬芳，定心去闻却又似有似无。用“幽”字去摹写这种感觉，大概是最恰当不过的。

很多年前曾捡了一棵别人扔掉的茉莉，看起来奄奄一息，只剩下寥寥几片叶子。带回家种在花盆里，浇了水后就没有再怎么管它。不曾想，转年七八月份，它竟然开出了几朵白色的小花，莹白如雪，芬芳如兰。那是我第一次闻到茉莉的幽香。只是短短一周，那几朵花就开完了。可就这几日的芬芳已经让我不能忘怀。每每想起，放一曲《好一朵美丽的茉莉花》，泡一杯茉莉花茶。趁着茶香，我似乎又抓住了茉莉花香的小尾巴。

前几日回家，在小区外的马路边看到一位卖花的老伯。一年前我曾去他的花圃看过花，老伯还留我在他家吃了一顿饭加二两小酒，老伯说酒后看花花更美，我信了。我走过去，老伯也一眼就认出来是我，说看中了哪盆，尽管拿去！我知道栽花的辛苦，哪里忍心。我说拿盆茉莉，他挑了一个老桩给我，说15就可以了，我留下20块钱回家了。看着朵朵珍珠一般的花骨朵满心的欢喜，心想晚上定能睡个好觉了。

晚上看书时把它放在书房的阳台上，满屋的香。睡觉时，又把它放在卧室的窗台上，丝丝缕缕的茉莉香悠悠飘来，几年前那种悠远空灵的感觉又回来了。

爱茉莉花的不止我一个人，我敢说就像朝鲜族人差不多都会唱《桔梗谣》一样，大多数中国人也都会唱几句《好一朵美丽的茉莉花》。茉莉花连同它的幽香一起，早已漂洋过海到了世界各地，成了中国和中国文化的象征之一。茉莉花茶虽非西湖龙井、君山银针、武夷红袍、冻顶乌龙那般名贵，但却人人皆知，人人爱之。

人有五感，眼之视觉、耳之听觉、口之味觉、体之触觉、鼻之嗅觉。以我之见，五感皆美之物，必为美中之大者。细想之，茉莉之香悠然芬芳，茉莉之色雪白晶莹，茉莉花瓣触指柔滑，茉莉之味回甘悠长，茉莉之歌余音绕梁。若不爱它，还能爱谁？

1 茉莉花
2 茉莉花
3 茉莉花
4 茉莉花茶

晚饭花

在图书馆看书，无意间看到一本汪曾祺先生的《晚饭花集》，我这种对花异常“过敏”的人自然要弄个明白。打开文集，自序里说：“北京人称晚饭花为野茉莉，实在是抬举它了。它跟茉莉可以说毫不相干，也一定不会是属于同一科，枝、叶、花形都不相似。”又说：“吴其濬说它的种子的黑皮里有一囊白粉，可食，叶可为蔬，如马兰头。”我大概猜出了汪先生所说的“野茉莉”应该是紫茉莉科的紫茉莉。

称紫茉莉为晚饭花，大概是因为它的花白天闭合，到了下午五六点，大概正是人家晚饭的时候，就悄然开放了。其实“紫茉莉”这个名字我之前也是不晓得的。它的种子黑色、卵形，表面有一些凸起，像极了《地雷战》里的地雷。所以小时候在老家，我们都叫它“地雷花”。

盛夏之后，正是紫茉莉开花的季节。一直到秋末，房前屋后、菜园路边，一开就是一片片的紫色。汪先生说紫茉莉跟茉莉毫不相干，但“野”字是当之无愧的。它是几乎不用种的，随便丢几粒种子到土里，它就会赫然地长出一大丛。结了籽，落进土里，第二年就会长出更大的几丛。确实，紫茉莉作为一种外来物种，就像一年蓬、加拿大一枝黄花一样，从南至北都可以看到它的身影。从一棵到一大片，如果不除草，过不了几年可能整个院落就会铺满它的紫花了。

紫茉莉的花通常为紫色，跟“指甲花”（凤仙花）相似，也可以当作天然的胭脂。如果弄些白矾和紫茉莉花一起捣碎染指甲，又或是用紫茉莉的汁液做成胭脂膏，我想应该不逊色于凤仙花。

胭脂和水粉当然是不能分开。古时制作水粉的原料很多，最普通的是上等的米粉，也有用石膏、滑石粉、蚌壳粉，甚至珍珠磨成的珍珠粉。但在明朝时，宫廷里的美容师发现，紫茉莉黑色的种皮里，内实有如一颗粉白的珍珠。于是将其研碎成粉，调和胭脂，来敷美人面。《植物名实图考》中也记载“……子如豆，深黑有细纹，中有瓤，白色，可作粉，故又名粉豆花。”《红楼梦》第四十四回《变生不测凤姐泼醋，喜出望外平儿理妆》中，平儿所用的水粉就是晚饭花种子的内仁做的。书中写宝玉打开宣窑瓷盒，拈了一根玉簪花棒递与平儿，笑着说：“这不是铅粉，

1 紫茉莉
2 紫茉莉
3 紫茉莉“耳坠”
4 紫茉莉的果实

这是紫茉莉花种，研碎了兑上香料制的。”平儿倒在掌上看时，果见轻白红香，四样俱美。

陪家人在烟台旅游，本想拍拍那里的花草，但旅游路线一直在海上，住的渔家也在海边。虽然海鲜琳琅满目，可我对这些奇形怪状的动物并没有太多的兴趣。村子里的植物种类不多，且大多已经过了花期，只有房东门前两棵紫茉莉开得姹紫嫣红，欢喜得很。

同行的小姐姐说，这种花她们小时候都用来做耳坠玩的。说着，她扯下来一朵花，一手掐住花萼，一手轻拉花筒，花筒就沿着里面修长的花柱自然垂下，一个天然的晚饭花耳坠就做好了。绿色的“耳钉”，白色到紫红渐变的垂丝，紫红的坠，真是好美的耳坠。烟台之行虽然没有拍到奇花异草，但有了这个收获也算不虚此行了。

“晚饭花”不能当饭，“紫茉莉”也没有茉莉香，“粉豆花”不仅能制水粉，还可以做胭脂、“耳坠”，还是叫它“妆容花”比较贴切吧。

摩洛哥夹竹桃

夹竹桃是极普通的园林植物，因为耐废气、粉尘，常种在公路两旁、环岛或者隔离带里。即便是在小区、公园，也大多种在墙角屋后，很少出现在引人注目的中心位置。

一天，上班路上经过一座高架桥，桥下的夹竹桃开满了粉色的花。回想起来，这丛夹竹桃一年到头似乎都在开花，只是平时稀稀拉拉，这个夏季则格外旺盛吧。而我，也一直忽略了它的存在。

夹竹桃，为何叫“夹竹桃”呢？是因为花色似桃、叶子像竹，但又非桃非竹，夹在“桃”“竹”之间吗？又或者因为它的叶子也像桃叶，但又像竹子一样四季常青，所以用“竹”来作“桃”的定语，叫作“竹桃”，但它毕竟不是桃，是“假竹桃”，后来不知怎么又变成了“夹竹桃”？

回家翻翻书得知，我猜得已经是八九不离十了。《浮生拾慧》中记载：“夹竹桃，假竹桃也，其叶似竹，其花似桃，实又非竹非桃，故名。”清吴其濬在《植物名实图考》中记载：“李衎《竹谱》：夹竹桃自南方来，名拘那夷，又名拘那兑。花树类桃，其根叶似竹而不劲。”李衎是元代的一位画家，善画枯木竹石，和赵孟頫、高克恭并称为元初画竹三大家。季羡林先生也很喜欢夹竹桃。他有一篇散文名字就叫《夹竹桃》。文中季先生回忆自己小时候门前红红白白的夹竹桃：“在一墙之隔的大门内，夹竹桃却在那里悄悄地一声不响，一朵花败了，又开出一朵；一嘟噜花黄了，又长出一嘟噜……”。有一次他去缅甸开完会，去了蒲甘，竟然看到了一株一楼多高的夹竹桃，如此高大的夹竹桃他也是没有认出来。他在缅甸除了见到了红色、白色的夹竹桃，还看到了黄色的，甚是稀奇。

生活在北方的人大多可能与季先生同感，因为在北方也只能看到红、白二色的夹竹桃，且是不超过两三米的灌木。冷不丁地看到一棵一楼多高的乔木夹竹桃，还真是稀罕。但在夹竹桃的原产地——地中海沿岸的摩洛哥、西班牙、葡萄牙等国的小镇街道上，这种乔木状的夹竹桃就是家常便饭了。到了温带，它们也只能长成那副样子了。不过我倒觉得灌木状的夹竹桃也不错，恰好做绿篱或树墙。

至于黄色的夹竹桃，我第一次是在西双版纳见到，后来在

1 夹竹桃
2 白花夹竹桃
3 夹竹桃的果实
4 黄花夹竹桃的果实
5 夹竹桃叶
6 黄花夹竹桃

三亚也看到过。黄色的夹竹桃看起来总是感觉不是“夹竹桃”。原来，黄花夹竹桃并不是开黄花的“夹竹桃”，它是黄花夹竹桃属的植物，跟夹竹桃（夹竹桃属）已经不属于同一个类群了。

夹竹桃虽美，却有剧毒。它的叶、树皮、根、花和种子中都含有多种有毒成分。

然而，汝之砒霜，彼之蜜糖。一些昆虫却能利用夹竹桃的毒素作为自己的保护伞。幻紫斑蝶、夹竹桃天蛾等蝶蛾的幼虫以夹竹桃的叶为食，会在体内积累夹竹桃毒素。这些毒素对幼虫无害，而鸟类如果捕食它们，则会中毒身亡。

月光下的芳香

一天晚饭后带女儿下楼玩，在小区楼下看见一大片美丽月见草。太阳下山，许多花儿已经闭合，合欢树的花和叶子也合起来了。月见草的花仍旧盛开着，粉色的一大片。

美丽月见草是近几年武汉公园、街头最常见的花之一，连不少荒地、山坡也不乏它们的身影。原以为它是国产的花儿，后来才知它也是异域的精灵。美丽月见草原产于美国西南部，通常在晚上或阴天开放，适宜在贫瘠、多岩石的土壤中生长。

美丽月见草在南美一般是晚上开放的。这也是许多紫茉莉科（如紫茉莉）、仙人掌科植物（如昙花）共有的特征。也许这是它们适应热带地区白天高温的一种自我保护机制。月见草属植物广泛分布在北美、墨西哥中部和南美。它的传粉者有蜂鸟，蝙蝠和蛾类昆虫。

植物花的开放和日照长短有很大的关系，人们也以此把植物分为长日照植物、短日照植物和日中性植物。在北温带地区，春夏昼长夜短，此时开花的植物一般属于长日照植物，如油菜、小麦；而秋冬昼短夜长，此时开花的植物就属于短日照植物，如菊花。一年四季均可开花的植物，如石竹、月季等，对光照反应不明显，是日中性植物。

植物通过光照调节自己的生物钟，所以，城市夜间的各种照明灯、景观灯，其实是对植物生物节律的干扰。

月见草虽为舶来之品，但我们也有我们的《夜来香》。

老家20世纪80年代中后期依然落后，虽然饭已经可以吃饱，但整个村里也没有几家有电视机。那时村里有“电影院”，其实就是一个宽敞的院子，架有银幕，有简单的放映设备。没有座椅，没有顶棚，没有厕所。看电影时，站着，蹲着或坐在自带的小马扎上，甚至躺在地上，都可以。每天傍晚，炊烟四起的时候，也是电影院放音乐的时候。《夜来香》，就是那个时候常听到的歌曲。

《夜来香》是20世纪40年代，由黎锦光先生作词作曲。小时候，在炊烟四起的傍晚，听到《夜来香》委婉的曲调，有一种时空穿越般的感觉。今天，在四合的暮色里看到盛开的月见草，耳边似乎又听见《夜来香》的歌声。美丽月见草，也算是今天的“夜来香”吧。

1 美丽月见草
2 美丽月见草
3 美丽月见草

会卖萌的小草

暑假的时候常带女儿去武汉植物园，那里有我喜欢的花草，也能让小家伙看看自然的神奇。药园的东北角，是含羞草生长的地方。每次带她去看含羞草，小朋友都高兴得不得了。她蹲在那里，用小手去戳含羞草的叶子，嘴巴里还不时发出“啾”的声音。她在那儿“啾”了一会儿，含羞草的叶子就全趴下了。于是就跳一下，换个地方继续戳。后来她和小朋友分享“戳”含羞草的感受——“可好玩了……”，我想这就是自然轻叩她幼小心灵发出的最好回声吧。

尽管我们知道，含羞草的“害羞”是一种自我保护，是含羞草受到刺激时，小叶基部叶枕里的细胞“放水”和“吸水”而导致的自然现象。可不管是对于孩子还是大人，含羞草仍旧有着神秘的吸引力。就算是像我这种在繁花密林间修炼多年的“老江湖”，看到含羞草也会不自觉地去戳一戳。似乎只有戳过了，才算是跟它见过了面、打过了招呼。不过含羞草其实是在被动承受我们的“友好”——它只能紧张地缩起来，就像我们的手碰到了小火苗，会马上缩回来一样。

含羞草虽然是植物，但它和我们一样，当被某种刺激反复作用时，也会逐渐适应而不再做出反应。有人曾做过这样一个好玩的实验：当第一次把一盆含羞草从 1 米高处垂直摔落时，它会迅速合拢全身的叶子。第二次依然如此。但随着这一操作重复次数的增加，它叶子合拢的时间会逐渐变慢。最终，含羞草会习惯这种刺激，几乎不再做出反应。

除了“习惯”，要减轻动物对环境刺激产生的反应，还有一个办法，就是麻醉。麻醉可减少人们在经受疾病或手术时的痛苦。东汉时华佗就研制出了“麻沸散”；1847 年，英格兰爱丁堡市的 James Y.Simpson 医生则首次用乙醚对产妇进行麻醉。有趣的是，1875 年，查尔斯·达尔文用乙醚对含羞草做了麻醉实验，发现乙醚确实可以降低这种植物的敏感性。后来人们又陆续用甲氧基氟醚、氯仿、氟烷、安氟醚、七氟醚、利多卡因溶液等多种麻醉剂对含羞草进行了类似实验，都获得了类似的结果。看来植物和我们之间的相似之处，远多于我们的想象。

含羞草虽然惹人怜爱，但在野外却很难看到它们，因为它的原产地在美洲。但在我们身边，也有一种野生草本植物会“害

1 含羞草
2 合萌
3 含羞草的花序
4 合萌
5 合萌的叶
6 合萌的果实

羞”，而且非常常见。它的叶子形状和含羞草十分相像，用手触碰时也会闭合，这就是合萌。

我家楼下操场边上的绿化带里，长了很多合萌。我下去遛娃的时候，就带娃去撩合萌。哈哈，合起来，打开；再撩，一会儿它就又合起来了。

合萌夏季开花，秋天果实成熟。合萌的果实初结时是像扁豆一样的荚果，成熟后豆荚会在每两个种子之间慢慢断裂，然后种子就会从母体脱落。原来合萌也知道“不能把所有鸡蛋都放在一个篮子里”的道理。如此一个一个地散落种子，如遇到危险也不会全军覆没、颗粒无收。

彼岸花

八月，武汉最热的时候。山坡上、溪沟边、公园草坪里，不时会冒出一簇鲜红的花儿，这就是石蒜，有些人喜欢叫它彼岸花、曼珠沙华。

石蒜十月生叶，像韭菜，也有几分像麦冬，一直到翌年四月，都不那么起眼。五月叶子开始凋萎，入夏就消失得无影无踪了。到了八月最热的时候，它就会突然从土里钻出一根高高的花葶，在花葶顶端开出美丽的花，花瓣卷曲，花丝纤细柔长。

石蒜在地下有一个球形的鳞茎，就像洋葱一样。但这个“蒜”是有毒的，含有石蒜碱、伪石蒜碱、多花水仙碱等十多种生物碱。至于为何叫“石”，之前不太明白，直到后来去湖南郴州考察，才发现那里的野生石蒜多长在江两岸丹霞山的石缝里。

石蒜又叫彼岸花，是因为它的叶和花总是不会同时出现。其实这种现象在植物界并不少见，早春开花的植物，像木兰科玉兰属植物，都是先开出一树繁花，花落后再生叶。迎春花、东京樱花等，也是如此。早春气温较低，昆虫活动相对较弱，不生叶先开花，可以增强花对传粉昆虫的吸引力。石蒜开花对温度很敏感，喜热不喜冷。盛夏时节满眼浓绿中，石蒜花醒目的一簇鲜红，也有相似的作用。

石蒜亲戚不多，但都颜值了得。忽地笑是其中比较常见的一种，在黄陂、红安、兴山等地都能看到。忽地笑花形、花期都和石蒜相似，只是它的花为鲜黄色。

1 石蒜
2 忽地笑
3 换锦花
4 稻草石蒜
5 石蒜

夏

黄荆与荆楚

湖北又称荆楚，荆楚有两个地方，一个叫荆门，一个叫荆州。荆门，荆楚之门。荆州，“禹划九州，始有荆州”。根据北魏郦道元《水经注·江水二》的记载，“《禹贡》：‘荆及衡阳惟荆州。’盖即荆山之称，而制州名矣。故楚也。”荆州之名来源荆山，现在荆山（在南漳县）并不属于荆州市管辖，但古代的荆州比现在的行政区划要大得多。如三国时，荆州下辖九郡，即南阳郡、南郡、江夏郡、零陵郡、桂阳郡、武陵郡、长沙郡、襄阳、章陵，也就是现在的河南南部及湖北、湖南全部。

《说文解字》中说：“荆，楚木也。”大约是说，荆是一种木本植物，也称楚。这种植物就是黄荆。楚国与一种植物同名，这种植物在当时的楚国定是十分的常见。

1 黄荆
2 牡荆
3 荆条
4 牡荆的花
5 牡荆的花

其实，即使是现在，这种植物在湖北还是很常见。十几年前去京山的绿林山。黄荆在山上路边依然到处都是。去时正赶上枣子成熟的季节，山上一人多高的酸枣树，密密麻麻挂满了小红枣，自然是吃饱了再下山的。其实黄荆在湖北全境海拔1000 米以下的地区都十分常见。有时你看到的可能是黄荆的变种之一——牡荆。黄荆和牡荆十分相似，只是前者小叶少锯齿，后者小叶多锯齿。

“将相和”的故事里，廉颇“负荆请罪”，所背的“荆”则应该是荆条——黄荆的另外一个变种。这个变种主要分布在华北、东北地区。“将相和”的故事发生在现在的河北邯郸。

河南兰考以前防风固沙，除了用兰考泡桐，荆条也用了不少。与泡桐相比，荆条固沙有一个好处：荆条是灌木，长得低矮，又没有大的树冠遮阴，所以对周围的庄稼没有太大影响。小时候老家地里每隔五十米就是一排，取点荆条回家如探囊取物，所以那时候也没少受荆条“鞭策”之苦。

挨荆条的打，那种疼无以言表。荆条古时也用作鞭打犯人的刑杖，荆又叫楚，所以犯人受荆条鞭打也叫“受楚”。受楚当然很痛苦，所以就有了“苦楚”“痛楚”。河南有个方言叫“苦楚个脸”，就是说愁眉苦脸的样子。

荆条因为很少有分枝，长得不很粗，韧性又好，所以成了理想的鞭打工具，可在女人手里，又可以做成挽发髻的簪钗。所以，古代男人又称自己的媳妇儿为“拙荆”。不过，除了“鞭策”和荆钗，小时候老家的荆条更多是成了老百姓家里的笊篱、草筐、馍篮子、粪箩头，甚至囤粮食的囤子都是用它编的。可惜现在那一排排的荆条绿篱固沙屏障已经没有了。

老家的荆条种在沙地上，沙地上还有一种叫“巴巴狗”的草，常与荆条长在一起。因为风沙，兰考多沙土地。小时候，夏天总喜欢光着脚在地里跑。细柔的沙土烫是烫了点，踩上去还是很舒服的。不过，要小心“巴巴狗”，不然扎到脚会非常疼。学了植物以后，知道“巴巴狗”就是蒺藜科、蒺藜属植物蒺藜。武汉没有蒺藜，放假回老家本来想去拍一下这个草，问老爹，他说他也好几年没有见过了。

不过，所谓“荆棘丛生”“披荆斩棘”，与荆并提的却不是“蒺”，而是“棘”。“棘”就是酸枣，古人说“大者棗，小者棘”。酸枣呈灌木状，而大枣则是乔木。前些年在绿林山看到的正是“荆棘丛生”的样子，不过现在酸枣的自然大群落也已经不多见了。

古人说“荆棘丛生”，但城市化已经让这种自然生境越来越少了。路是好走了，本土植物却慢慢变少。适当留一些“荆棘”之地，也许对保护生态环境会有更多的裨益吧。

鱼腥草

鱼腥草在南方是一种普通的草，又叫“蕺菜”，在武汉街头、公园、荒地，甚至是路边绿篱的缝隙里，都可能看到它。鱼腥草又是一种“蔬菜”，只是有的人对它独特的味道喜欢得不行，有的人却是避之唯恐不及。

鱼腥草不但咱们吃，印度人也吃。在印度东北的一些邦，人们用它做沙拉、炒菜，还用来做摆盘的饰品，就像我们这里酒店盘子上的蝴蝶兰一样。日本人也吃鱼腥草，不过他们更喜欢把鱼腥草晒干做成茶，叫作“DOKUDAMI CHA”。我把它读作“都哭大米茶”，喝一口，腥得要哭，“都哭”，哈哈。

可是，鱼腥草为什么会有这种味道呢？

不管愿意还是不愿意，地球上的一个生命，从出生开始，就处于生存竞争的环境中。找到食物还是成为食物，是每一个生命都要面对的“抉择”。所以，拥有进攻或防御的武器，是每一个生命都需要解决的问题。

植物是不会动的，它们的生存武器大都属于“防御”。对于鱼腥草，就是它们体内产生特殊味道的那种物质——鱼腥草素，大名癸酰乙醛，英文名Houttuynin。鱼腥草的这种防御方法，属于植物的“化学防御”。

可是，有人说，鱼腥草不就是因为那个味儿才好吃吗？那这种气味不是防御，反倒成了吸引啊！的确，没有一种防御是十全十美的。辣椒的辣味也是一种化学防御，结果却成了人类食用它的原因。不过，植物的化学防御手段除了防止动物啃食，还有一个作用，就是抵抗病菌等微生物的进一步侵害。植物被动物啃食后一定会有创伤，这时如果没有防感染的机制，植物可能会因为从创伤处感染微生物而腐坏。据研究，鱼腥草提取物确实有很好的抑菌作用，对肺炎球菌、卡他球菌及流感球菌的抑制都很有效。

类似鱼腥草这种用味道来保护自己的植物在我们身边还有很多，如艾草（菊科）、香蒲（香蒲科）、藿香（唇形科）等等。还有些植物虽然没有什么特殊的气味，但含有鞣酸、草酸、苦味素等，让人难以下咽。这些物质有的不过形成糟糕的口感，有的则更是致命的毒药。

所以，每一种植物都是一个小小的“城堡”，都在用物理的或是化学的方法保卫自己。

1 蕺菜
2 蕺菜的花
3 蕺菜的果实
4 蕺菜的茎

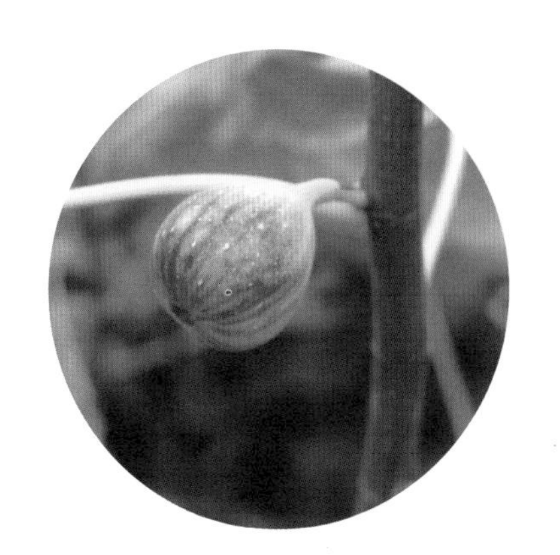

无花果

无花果还是比较“大众”的，即使你没有吃过，大概也听说过。它的出名不是因为“果”而是因为“无花”。一般情况下，植物当然是先开花后结果，要是无花而生果，自然是比较“奇怪”的。其实无花果并不是真的没有花，而是它的花藏在里面，也就是植物学上所说的“隐头花序”。什么意思呢？你可以想象一下向日葵，假如我们把向日葵的花盘从底部周围往上包裹，包成像包子一样，是不是花和瓜子就被包在里边了呢？这就是无花果的样子了。别人都把漂亮的花长在外边，生怕被人看不到。无花果就不，就这么任性。

无花果是桑科榕属的植物，榕树的近亲。在生物界，榕属植物与榕小蜂的关系，是一个经典的协同进化的案例。榕小蜂是一类膜翅目的小型昆虫。榕属植物依靠榕小蜂传粉，榕小蜂则在榕属植物的隐头花序里产卵，幼虫在花序内部发育。每种榕树都有特定的榕小蜂与之共生。桑科植物有许多是雌雄异株的，无花果也不例外。与无花果共生的榕小蜂又叫作无花果小蜂。携带花粉的受精雌性无花果小蜂从无花果隐头花序顶端的小孔钻进花序内部产卵。如果进入的是无花果雌株的花序，雌蜂会给无花果的雌花授粉，无花果雌株的花序发育成甜美可口的无花果。如果进入的是无花果雄株的花序，雌蜂产下的受精卵就会在花序内部孵化出幼虫。幼虫中的雄性首先羽化，雄蜂钻出花序寻找有雌蜂生活的花序进行交配。交配后的雌蜂带着花粉钻出它出生的花序，寻找其他花序产卵。

无花果的香甜不止吸引着榕小蜂，还有我们人类。无花果原产于地中海沿岸，在西亚广泛分布。人类种植无花果已有5000多年的历史，约在1300年前传入我国。作为西亚一种重要的水果和食物来源，无花果在《圣经》被提及57次之多。人们一般认为，亚当和夏娃在伊甸园里偷吃的禁果是苹果，而也有人认为，那个禁果是无花果。不过，虽然在《圣经》里没有写明“禁果”到底是什么，亚当和夏娃偷吃禁果后用来蔽体的，却写明了是无花果的树叶。

相传佛祖释迦牟尼在菩提伽耶的摩诃菩提寺内的一棵参天巨树下顿悟，这棵树就是菩提树。菩提树也是榕属植物中的一员。

1 榕属植物的气生根
2 菩提树
3 菩提树的叶
4 无花果
5 无花果的果实

海蚌含珠

有些东西虽然没有生命，感觉也是有性别的，比如娇美的丝绸、华贵的服饰，还有珍珠。我跟它们似乎是天生绝缘的，所以之前从没有关心过珍珠。

在山东烟台，我第一次看到了长在贝壳里的珍珠。长岛海边有不少沙滩浴场，白天晚上人都很多。吃了晚饭，带小朋友沿着沙滩漫步、吹风。沿着海滩内侧是一条热闹的夜市，摊位上摆满了各种海产品做成的小商品，各种螺号、贝壳项链、小摆件等，其中最多的，却是珍珠。

有一种摊位，不卖串好的珍珠饰品，而是卖含有珍珠的珠贝。你自己挑选贝壳，店家给你打开，里面可能有珍珠，也可能没有，品相也自有天定。我在旁边看别人买，摊主切开珠贝，里面真的有珍珠。而且，珍珠有圆、有椭圆，有白、有粉红、有浅紫，还带花纹或不带花纹的。之前以为珍珠都是银白色的球形，原来还有这么多的花样。

武汉虽有长江相伴，但终究不是海边，没有珠贝和珍珠，但却有“海蚌含珠”，也就是铁苋菜了。

铁苋菜雌雄同株，雄花序像个缩小版的鸡毛掸子，雌花却长得有点意思：几个雌花挤在一个一个三角形的苞片里，叶状的苞片合时如蚌壳，里面的几个果子如几颗珍珠，因此得名“海蚌含珠”倒也贴切。

铁苋菜花果期极长，能从四月延续到十二月。这种植物分布广泛且非常常见，下楼步行 50 米之内，十有八九你就能找到它。《中国秦岭经济植物图鉴》《甘孜州野生蔬菜资源及其利用》《山东经济植物》等均有收录。《救荒本草》中记载其嫩叶可食，但我却从来没有见人采它作为野菜。《植物名实图考》记载“人苋……一名铁苋，叶极粗涩，不中食，为刀疮要药。其花有两片，承一二圆蒂，渐出小茎，结子甚细。江西俗呼海蚌含珠，又曰撮斗、撮金珠，皆肖其形。”所以，虽有“菜”名，但并不建议你去尝试吃它。

不过，吴其濬《植物名实图考》中称铁苋菜为“人苋”，其实是混淆了“苋菜”和“铁苋菜”。宋《本草衍义》一书中也指出：“苋实……苗又谓之人苋，人多食之。茎高而叶红黄二色者谓之红人苋，可淹菜用。”这明显是对于苋菜的描述，红苋菜炒了之后菜汤也是红的，是老武汉人餐桌上的主打菜肴。

1 铁苋菜
2 铁苋菜
3 铁苋菜的果实
4 铁苋菜的雌花
5 铁苋菜的雄花序

从三味书屋到何首乌

何首乌也是种“有名”的植物，但它不像狗尾草那样——大家不仅知道，也都认识。很多人知道何首乌的大名，可能跟我一样，是从鲁迅先生的文章《从百草园到三味书屋》中听来的：“何首乌藤和木莲藤缠络着，木莲有莲房一般的果实，何首乌有臃肿的根。有人说，何首乌根是有像人形的，吃了便可以成仙，我于是常常拔它起来，牵连不断地拔起来，也曾因此弄坏了泥墙，却从来没有见过有一块根像人样。”

不过，从在小学的语文课里知道何首乌的名字，随后十几年，我却并不认识这是一种什么植物。后来到了武汉，学了植物，才发现何首乌是武汉市内丘陵林地中最常见的藤蔓植物之一。后来，每次出去玩见到何首乌都跟朋友说：看，这个小藤子就是何首乌。朋友们都一脸不相信的样子反问：在哪在哪，就是这个吗？原来这就是何首乌啊！原来这么平常啊……

传说何首乌本是一个人名。何首乌的爷爷原来叫何田儿，身体弱不禁风，所以58岁都没有姑娘想嫁给他。有一天何田儿喝醉了，在山里见到一种草“苗蔓相交，久而方解，解了又交”，然后好奇就挖根回家，高人指点，便服用此苗蔓，后来身体强健，娶了妻生了子，就改了名字，叫何能嗣（能生孩子）。何首乌的爹何延秀同样学其父何能嗣又生了何首乌，何首乌也效仿其父继续服用“何首乌”，后来十里八乡的人也服此神药，都延年益寿了。所以，后来这种草就叫“何首乌”了。

故事归故事，不过就是这种不起眼的小藤子，在古人那里可是无所不能的大明星：补肝肾、益精血、乌须发、强筋骨……而且还分雌雄（其实何首乌是雌雄同花的），“雌者苗色黄白，雄者黄赤”，且夜夜相交，所以何首乌又叫“野苗、交藤、交茎、夜合”。以何首乌为主，辅以黑豆、茯苓、人乳、牛膝、枸杞、黑芝麻等，又可制为“七宝美髯丹”。《本草纲目》中载：“此药（何首乌）流传虽久，服者尚寡。嘉靖初，邵应节真人，以七宝美髯丹方上进。世宗肃皇帝服饵有效，连生皇嗣。于是何首乌之方，天下大行矣。”

何首乌被古人尊为“仙草”，说它“五十年者如拳大，号山奴，服之一年，发髭青黑；一百年者如碗大，号山哥，服之一年，颜色红悦；一百五十年者如盆大，号山伯，服之一年，

1 何首乌
2 何首乌的花
3 何首乌的瘦果
4 何首乌的瘦果

齿落更生；二百年者如斗栲栳大，号山翁，服之一年，颜如童子，行及奔马；三百年者如三斗栲栳大，号山精，纯阳之体，久服成地仙也。”何首乌能否成长三百年、服了能不能成仙且不论，倒是在文献里发现了很多研究何首乌毒理的文章。去年在山里还看到老百姓在酒店门口卖何首乌块根，长得甚是硕大。希望它没有被人买回去煮了当“参”汤喝，否则可能麻烦大了。

虽说何首乌“大名鼎鼎”，但这位“明星”如今倒是没有墨镜遮脸、保镖开道。相反，在路边、墙角、山坡、菜园，甚至是垃圾堆边，都会见到它的身影。我不禁想，这要是人参多好。

春 夏 秋 冬

栀子、金樱子、罂粟

栀子花开的时候，武汉街头会看到很多人卖扎成一把把的栀子花。一把五六朵，花上两三元钱，就可以拥有一室花香。武汉人喜欢栀子花，公园、校园里常见，周边的山上也能看到野生的植株。到了秋天，沟边山坡上常能看到野生栀子的果实，橙红色的椭球状，上面有几条翅状的纵楞，一直连接到细长的宿存萼片，像是飞舞的飘带一样。

有一年带学生去河南舞阳做暑假实践，在饭店吃饭时，发现当地人都喝栀子茶。用栀子果泡成，橙黄色的茶汤有点像大麦茶，味道也不错。栀子果还是一种天然的黄色染料，就像蓼蓝做蓝色染料一样，是大自然赠送给我们的礼物。栀子果还常出现在烹制虾、蟹的香料里。从舞阳回家，我在厨房做菜的调料包里找到了一颗栀子果。把它扔进热水里，看着栀子果里面黄色的物质云雾一般从果子里“飘”出，好是神奇！

“栀”为“卮”的俗字，读 zhī。李时珍《本草纲目》中说，“卮，酒器也。栀子象之，故名。”如看栀子的花形，也确实像一个容器，且是顶端和四周都带修饰的容器。

武汉周边山林，秋天还有一种常见的果子——金樱子，成熟的金樱子红彤彤的，煞是好看。金樱子还有个名字，叫刺梨，有的人还拿它来泡酒。既然是“梨”，就要尝尝它的味道！不过这个“梨”浑身硬刺，直接下嘴的话，嘴巴就废了。我把它放到石头上，用随身带的枝剪把上面的刺砸掉，一直砸到可以下嘴。吃了之后，发现此“梨”硬涩无味，简直就像个木疙瘩。2020 年年底的一天，我和学生出去采标本。这个时候，山上的落叶木本植物和一年生草本植物已经基本没有绿色了，红彤彤的金樱子煞是醒目。我给同行的学生说我之前的经历，可他们还是好奇这个“刺梨”到底是什么味道。然后就有学生去摘金樱子果，发现完全熟透的果实上的刺一碰就掉了，然后用枝剪剪开果子，去掉里面的种子，把果皮扔到嘴里嚼一嚼，还真是甜甜的味道。原来我之前吃的金樱子还没有成熟呢。

李时珍《本草纲目》中记载“金樱当作金罂，谓其子形如黄罂也”。《说文解字》记载：“罂，缶也。”所谓“缶”，是一种大腹小口，就像罐子一样的瓦器。邵长蘅（清）《青门

1 栀子的花
2 栀子的果实
3 金樱子
4 金樱子的果实
5 罂粟
6 罂粟的种子

剩稿》记载，“火药三百罂”，此处的“三百罂”就是三百罐的意思。原来，金樱子果实成熟后为黄色，形似罐子，故称“金罂子”，跟樱花樱桃，并没有关系呢。

由此看来，罂粟的果子也是椭球形，像“罂”；而“粟”就是“小米”。打开罂粟的果壳，里面装满了小米一样浅黄色的种子，整个罂粟果就像一个装满了小米的罐子。正是因此，这种植物的名字才叫作“罂粟”吧。

汉字从甲骨文开始，多是“象形文字”，再慢慢演化出后来的篆书、隶书、楷书、行书等。以同样的逻辑去看植物，它们最初的名字也是古人给它们起的，名字大多是“象形”的。而后再由已有的名字衍生出更多的名字，演化到现在，中国大约有三万多种植物的名字，这里面一定“隐藏”着很多的历史和故事。

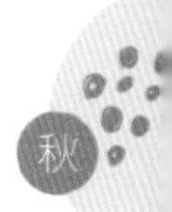

红红的大枣

看到有朋友在朋友圈晒出一张图，是几颗被鸟啄了半边的枣子，我才意识到枣子已经成熟。再看，大街小巷，水果店里鲜枣儿也开始上市了……

小时候，葡萄和大枣是我最爱的水果。喜欢葡萄可能是因为它的“稀少”（小时候吃的太少），喜欢大枣，更多是因为奶奶院子里后墙根下就有两棵歪脖扭腰的老枣树，每年枣子成熟，想吃就打几颗下来。大枣陪伴了我的童年。

有人说吃枣子补血，特别是女生要多吃，这个不是很靠谱。有人推算过一个人一天大概需要多少铁、一颗枣子里又大概含有多少铁。假设吃了一颗枣子，而且其中的铁元素又能被全部吸收，然后推算一天要吃多少枣。结果记不太清，但大概是一天要吃一大筐，才能满足身体对铁元素的需要。真要这样的话，铁补上了，可因为枣子里面含糖量高，吃的人也变成大胖子了。

河南新郑盛产大枣，这几年到处都能看到它的身影。“好想你”的名字起得好，想念什么人了，又不好意思说，你就问，想吃大枣儿吗？大枣还有一种吃法，把枣核去掉，然后嵌入核桃仁，这大概是表白：“‘早’想‘核’你在一起”吧。

“枣”谐音“早”，其实是由来已久的民间习俗。传说旧时新人结婚，要在新房的床上撒上红枣、花生、桂圆、莲子等干果，寓意“早生贵子”。不过在老家，我只见过放红枣和花生，寓意“早生”“花着生”。花生一个果壳里一般是两到三粒种子，这是还寓意着生双胞胎或者三胞胎吧。

老家以前的习俗，嫁女儿的时候娘家还要做一个漂亮的枣花儿馍，随女儿一起带到婆家。枣花儿馍只用面粉、红枣儿，凭着一双巧手，做出花儿、桃子、龙凤等等各种造型和图案，栩栩如生，漂亮到不行！娘家为女儿出嫁准备的枣花儿馍皆极尽所能，是绝不会马虎怠慢的。到了婆家，等婚礼仪式结束，那些看热闹的婆婆们还要抢上一点点枣花儿馍给自己娃娃吃，好沾上点儿喜气。可惜的是，现在在老家，女儿出嫁还能有这种待遇的已经不多了。

若是只作为一种“吃食”，枣花儿馍的口感和味道恐怕不及现在面包店里售卖的各种加入红枣的西式糕点。制作枣花儿馍的技艺，也逐渐失传。说到这，让我想起一位研究河流文化

1 枣
2 枣的花
3 枣的花
4 枣的果实和叶

的朋友跟我讲过的关于桥的话题。他说人类文明都离不开河流，有河就离不开桥。古代的桥，如北京的玉带桥、卢沟桥，河北的五音桥、广西的永济桥、江苏的五亭桥，栏板等构件雕刻，无不精美绝伦。而现代的桥，大多都已不再关心这些“无用”的细节了。枣花馍的精美，也是这种的“无用”之物吧，可它总还是叫人怀念。

在北方，枣树是一种主要的“果树”。而在武汉，山野和城区也不乏枣树的身影，大多却不再以结果为“责任”。少见了硕果累累，却多出了几分自由的野气。前几天回了趟老家，早上吃完饭，我拿着相机在村巷里拍墙根的野草，邻家一个孩子跟我说，你大汉哥家里有两棵枣树，满树都是枣儿，你可以拍那个去。

我朝大汉哥家的方向看了看，低头继续拍我的野草。心里却开始念叨：奶奶家那两棵歪脖扭腰的老枣树，要是没被砍掉，现在也应该是满树的大枣了吧。

桂与冬桂

武汉很适合桂花的生长，桂花又叫“木犀”，小灌木或是大乔木都能看到，只是枝丫太多，当不了栋梁，多是栽在园林里，每年 10 月，满城皆香。湖北咸宁还有个“桂花镇”，很早以前去通山采花曾从那里路过。这些都让我觉得桂花应该是湖北特产，但查阅《中国植物志》，却发现这种植物其实原产我国西南——原来桂花和我一样，也是“移民”呢。

每年秋季开学后的一段时间，武大校园里的桂花渐次开放，清香宜人。桂花的香不像油菜的浓香，闻多了会叫人吃不下饭。桂花的香是闻不够的，即使是晒干了，放到水里，放到蜂蜜里，它的香味依然叫人留恋。

但桂花的香总是短暂的，特别是遇到阴雨天气。2020 年桂花开放时，武汉正好遇到了一周的阴雨，桂花树下满是密密麻麻的落花，特别是丹桂，在雨里铺满了地面。同学拍照片问我，我亦迷茫。许是这丹桂不胜阴冷，更易凋零？

好在并非所有桂花品种都只在金秋开放，比如四季桂。丹桂、金桂等桂花开花毫无保留，枝满丫满地像是比赛，唯恐落到最后一名。四季桂开花，则是零零散散、稀稀拉拉、不紧不慢的样子。也许正是因为这种“佛系”的开花态度，才让它有精力一年四季都在开花，让喜欢桂花香气的人有福气去嗅一年的花香。

咸宁桂花镇原来叫柏墩乡，后因此地桂花的知名度而更名。桂花镇植桂历史悠久，有记载说 2300 多年前战国时期诗人屈原就是途经咸宁，写下了“奠桂酒兮椒浆”的诗句，诗中“桂酒”即为加入桂花的酒。古今以来，冠名“桂酒”的酒方不少，如《千金要方》中的“桑皮姜桂酒”、《中国药膳大辞典》中的“茴桂酒”、《古今药酒大全》中的“黑桂酒”等，但这些“桂”多为肉桂之“桂”（樟科植物天竺桂、阴香、细叶香桂或川桂等植物树皮的通称），与桂花并无关系。曾国藩编《十八家诗抄》中虽有《新酿桂酒》诗，但并无对“桂”的详细说明。刘运勇创作的散文集《黑馍》中有一篇《桂酒》，记述了他舅舅酿“桂花酒”的故事，看来桂花大约也是可以用来酿酒的。但屈原《九歌》中的“桂酒”是桂花之“桂”还是樟科植物之“桂”还真不好说，我在咸宁附近的山上也看到了许多川桂。

1 木犀
2 木犀的花
3 丹桂
4 格药柃
5 格药柃的花

桂花秋季开放,冬季是见不到桂花的。据说咸宁产“冬桂蜜”,这个消息是一位做蜂蜜生意的朋友告诉我的,他还为此专门跑到咸宁去参观。冬天桂花产蜜,我是不信的。况且桂花只产花粉,并不产花蜜。既然不产花蜜,蜜蜂哪里去酿“冬桂蜜”呢?

后来得知,“冬桂蜜”确实有,但并非从冬天开放的桂花树上而来,而是蜜蜂从山茶科柃木属植物的花里采集酿造的。柃木属植物大多二到四月开放,有的品种可能更早,柃木是其中冬季开花的优良蜜源植物。柃木属植物的叶子为革质,花小且成簇生长,这些特征与桂花都有几分相似,所以被称为“冬桂”也不足为奇。有的地方(如黔东南的锦屏县)还称它们为“野桂花”。柃木属植物在湖北分布十分普遍,从武汉到周边的大别山,再到南边的九宫山,从秋末到春初,都能看到它们在开花。

因为柃木属植物花也小,贴着枝条生长,所以又被称为“柃木桂花”,它们产的蜜又叫白桂蜜,香气馥郁,清纯淡雅,甜而不腻,色泽水白透亮。

万寿菊与菊

《寻梦环游记》是 2017 年由迪士尼和皮克斯联合出品的一部动画电影，也是这几年我认为最好的电影，没有之一。陪女儿看了一遍；朋友过来，我又陪朋友看了一遍；后来这个电影在电视上可以看了，我又和女儿看了第三遍。

电影的故事情节其实很简单，但意味深长，充满了温情。

墨西哥小男孩米格，家里世代是鞋匠。他喜欢音乐，想追求自己的梦想，但他的家人反对，认为音乐是对家庭的魔咒。米格阴错阳差地落入亡灵的世界，遇到了自己过世的亲人。墨西哥传统文化里认为，死亡并非终结，亡灵会在每年的亡灵节（11 月 1 日—2 日）回来与亲人团聚。这两天，人们把已故亲人的照片供奉起来，点起蜡烛，并在院子里用万寿菊的花瓣铺出一条路来，这样亲人的亡魂才能找到回家的路。在电影里，这条人间的“花瓣路”在阴间就变成了一座万寿菊“花瓣桥”，只有未被家人遗忘的亡魂，才能通过这座桥去与亲人见面。

米格在亡灵的世界里弄清楚了家人为何如此排斥音乐，还为自己的曾曾曾祖父洗刷了冤屈。已故的亲人们以万寿菊花瓣为米格祝福，米格又回到了人间，实现了自己的音乐梦想。

万寿菊原产于墨西哥，因为其易种植、适应性强等特点，现在已经成为广布全球的花卉植物。万寿菊在其他国家只是一种普通的花卉，但在墨西哥等拉丁美洲国家却有着非同一般的文化意义。

墨西哥亡灵节是印第安原住民文化和西班牙文化交融的产物。印第安原住民的亡灵节在每年七八月间。原住民认为，只有善待亡灵，让亡灵高高兴兴地回家过个节，来年活着的人才会得到亡灵保佑，无病无灾，庄稼也会大丰收。

西班牙人来到美洲大陆后，西方的“诸圣节”、原住民的亡灵节及一些祭祀风俗逐渐融合，形成了今天的亡灵节，日期定在每年的11月1日和2日。万寿菊则是亡灵节庆祝活动中必不可少的“主角”。

在中国，陶渊明说“采菊东篱下，悠然见南山”，屈原说“朝饮木兰之坠露兮，夕餐秋菊之落英”。菊花象征高洁隐逸，是“花

1 万寿菊
2 菊花
3 野菊
4 野菊

中四君子”之一。每年金秋，城市广场、公园，千姿百态的菊花品种竞相开放，颇为壮观。不过，相比花圃里硕大艳丽的菊花，我还是更喜欢郊外野生的野菊。野菊开花时间长，从八月到十二月你都能看到它。闲暇时，我还会摘一些未开的野菊晒干——这样就是“胎菊”了。泡茶喝，加少许冰糖，好喝得很。如果采得多，还可以缝一个小的布袋，把干菊花放进去，放到床头，或塞到枕头里，睡觉时香香的。

蓼　花

蓼科植物分布很广。小时候在老家，老爹有时候会给我介绍地里的草，这个叫狗儿囊（可能是狗牙根），这个是狼尾巴草（小飞蓬），那个叫兔子酸（酸模）……虽然他不怎么知道植物学里的科、属、种，但是在他们的眼里，庄稼地里的每一种野草都有自己的名字。

印象里老家庄稼地里的蓼属植物不算多，只记得萹蓄和酸模（兔子酸）。后来到了武汉，常见的蓼科蓼属植物多了不少。其中，愉悦蓼可算是最引人注意、开花时间最长、颜色也最漂亮的一种。多数蓼属植物对生长环境多少有点偏好，比如酸模叶蓼喜水，蚕茧草喜湿等。愉悦蓼却是不挑不拣，在广场草坪甚至随便的空白旮旯都可以生长。愉悦蓼喜欢成丛地生长，如果长在草坪里，远远看去，一片绿色衬着大片的粉红浅白。管你晴天还是大雪，从秋到春，甚至是夏季，都能看到。愉悦蓼这个物种，在 1826 年发表之时作者用的名字即为“*Polygonum jucundum*”，其种加词“*jucundum*”就是“令人愉悦的，适宜的”的意思。可能当时作者看着这个花挺好看，所以就给它起了这么一个欢快的名字。不过也难怪，秋天正是万物凋零的时候，可能除了菊就是它了。茫茫秋色中能看到一片片娇嫩的粉色，确实让人欢喜。

物种的命名从一定程度上来说还是比较主观的。比如我发现了一种新的植物，在给它命名的时候，我就可以把我好朋友的名字作为它的种加词；而如果这种植物的形态或者气味叫我不快，我也可以用我不喜欢的人名来命名。这样的事，作为双名法创始人的林奈，早就已经干过了。比如 James Lee，他是林奈时代一个很有影响力的苗圃老板，拥有许多从世界各地移植而来的有趣植物。这样的朋友林奈怎么可能不喜欢，所以林奈在给火筒树属命名时就用了这位苗圃老板的姓氏 Lee。据说林奈还用他讨厌的一个人去命名过一种让人不爽的植物。可惜，我还没有找到是哪一种。

水蓼是另一种常见的蓼属植物，水边、塘边、城郊老房子附近都有。水蓼的花小，绿里带着点粉红色，花序稀疏，没有愉悦蓼的美丽，却有不同的用途。水蓼的茎叶有强烈的辛辣味，在明末辣椒传入中国之前，是主要的辣味调料。

1 蓼子草
2 蓼子草的花
3 愉悦蓼
4 愉悦蓼的花
5 水蓼
6 水蓼的花
7 水蓼的花

《礼记·内则》中说：“脍，春用葱，秋用芥。豚，春用韭，秋用蓼。”意思是说，做肉丝，春天用葱搭配，秋天则用芥菜。烹制小猪，春天用韭菜搭配，秋天则用蓼。安徽的一些地方，人们现在仍喜欢食用辣蓼的嫩茎叶和花，凉拌、熟炒或做汤；更多的是作为调料，用于腌制黄瓜、萝卜、青菜等。辣蓼还用于传统酿酒中的酒曲制作。如安徽宣城特色之一的古南丰黄酒，就是用古法桂花秋曲、辣蓼伏药。浙江余姚的老百姓现在依然用辣蓼为酒曲酿制米酒：辣蓼收割后，洗净捆绑成束，吊于屋檐下阴干。酿酒时，将其放在锅里熬成暗红色的蓼汁，洒在蒸熟的米饭上。浇有蓼汁的米饭放在密闭的瓷缸里，缸外裹稻草或棉被保温。米酒的酿成，就只需交给时间了。

愉悦蓼、水蓼，还有其他看似不起眼的蓼属野草，也蕴藏着不小的“有趣世界”。

蓝色小铃铛

秋天，在林下或山路边，有时会看到一串串紫色的野花，像小铃铛一样，连里面的铛簧（其实是花的花柱）都清清楚楚。这就是桔梗科沙参属的植物。

说沙参的花像铃铛，除了它钟状的花冠，还因为它一般都是开口朝下的。这种生长方式其实是植物的一种自我保护机制，一来可以防止雨水冲刷花粉，二来如果生活在高山，还可以避免强烈紫外线对花蕊造成的伤害。这种现象不是沙参属独有的，在其他一些植物中，如早春开花的天葵、白头翁等，也很常见。

中药材中的“沙参”有南北之分，南沙参为轮叶沙参、杏叶沙参等桔梗科沙参属植物的根，这些植物生长在山坡林缘；北沙参则为伞形科植物珊瑚菜的根，它与南沙参完全不同，主要生长在海边的沙地上。

沙参既然称作“参”，那它一定有膨大的根部。沙参属植物确实有像胡萝卜一样的根。以前在河南信阳贤山上，曾碰到附近村民在山上挖一种植物的根，上前去问说是沙参，然后我也去挖了不少。可惜当时并没有明确鉴定是哪一种“沙参”。2020 年秋，在珞珈山找香薷状香简草时，竟然发现了两棵杏叶沙参，喜出望外。这个时候只舍得拍照、采一点标本，根是不舍得挖的。

除了杏叶沙参，在江夏的青龙山，黄陂的云雾山、木兰山，无柄沙参也比较常见。沙参生长于山坡、林缘，在市区的公园里难以见到。不过，同样长着蓝紫色铃铛一样小花的桔梗倒是不少。桔梗属是一个单种属，分布于俄罗斯、日本、朝鲜半岛和中国等亚洲东部地区。在中国东北、朝鲜和日本，桔梗是人们极为熟悉的植物，嫩叶可以吃，根做咸菜更是东北一宝。朝鲜族民歌里著名的《桔梗谣》，描述的就是采桔梗的景象。

女儿读小班的时候，幼儿园通知说要打造“宝宝花园”，作为植物学教师的老爹当然要“露一手”。当时正好从山里带回了几种野花，有紫珠属的老鸦糊、紫金牛科的百两金，还有湖北沙参的根坨坨。沙参属的蓝花，花美丽可爱不必说，紫珠的果子更是美得一塌糊涂，百两金生长在非常阴暗的林下，它们都是可以养在室内的植物。妻子说，沙参现在还只是一个根，开花还要一段时间，要是别的小朋友的植物都是有叶子有花的，

1 百两金
2 杏叶沙参
3 无柄沙参
4 桔梗
5 华紫珠

你女儿会不会感觉有点失落？我想也是。同样的，紫珠因为原本植株较大，带回来的时候我剪掉了大部分的枝条和果子；百两金虽然植株较小，可上面红红的果子会不会引得其他小朋友摘了吃掉呢？所以，最后还是决定，只把沙参和家里种的吊兰送过去。沙参虽然只有一个根坨坨，但能在宝宝们的眼皮子底下慢慢长出一串串蓝色的铃铛来，也能给她们送去一份期待和惊喜吧。

第二天早上跟女儿说：这两个花是给你带到幼儿园去的，一个叫沙参，一个叫吊兰，你要好好照顾它们哦！

“沙僧？爸爸，它是沙僧吗？”

好吧，这一下子我可有点“懵圈儿”了。女儿是武汉的姥姥带大的，Shen 和 Seng 她是有点分不清的。这一来，一直到中班结束，“沙参”就成了女儿的“沙僧”。

老屋后的泡桐林

秋雨下了一夜，早晨马路湿漉漉的。公交车上的乘客照例多了起来，一直到张之洞路，车厢里才稍见稀疏。此时抬头望向窗外，突然看到一片小泡桐树，肆意长在一片拆迁后的荒地里。围墙阻挡不住它们的茂盛，雨水清洗过的叶子碧绿明亮。树叶在雨点的击打下微微晃动，隔着车窗听不到声响，可耳朵里似乎又响起了风里泡桐树的哗哗声。

老家有太多的泡桐树，村里、村外、路边、田埂，到处都是。村北边还有一大片地，村人都叫它“沙地”，种了许多的泡桐树。我小时候最喜欢去那里剜野菜，因为那里的土不粘铲子。泡桐树叶宽大，小泡桐的树叶更是比大树的还要大出五六倍的样子。小泡桐的树干没有分枝，硕大的叶片就径直长在直直的树干上。

下地干活的人，如果突然遇到大雨总会有点措手不及。可对于小朋友来说，小泡桐树干上大大的叶子，就是天然的雨伞。扯下两片举在头顶，听雨点噼啪落下。虽然遇到大雨终归还是会被淋湿，但起初总还是会收获到一点惬意。

兰考泡桐最大的功劳是防治风沙。到了我五六岁的时候，兰考的风沙已经基本消失了，只有起大风的时候还能依稀感受到空气里飘浮的沙粒，村外的泡桐树林成了孩子们的乐园。树林里枯死的枝丫在雨后焕发出新的生命——木耳，半个钟头可以摘一碗。拿回来洗一洗，就可以炒一盘我最爱吃的木耳炒豆角。泡桐树上多知了，于是这里又成了摸“爬叉”的好去处。“爬叉”就是蝉的若虫，华北地区又叫作“知了猴”，是黄河中下游地区人们喜欢的一种昆虫食物。

吃了晚饭，天蒙蒙黑的时候，大人和小孩们就拿着手电筒去树林子里了。傍晚是若虫出土的高潮期。它们出土后会爬到树上，等待第二天变成蝉，但很多就变成了我们的“零食”。从傍晚六点多到晚上九十点，一个人能摸十几个已经算多的了。回家后用水泡起来（不然，第二天就变蝉了），第二天母亲放锅里用油、盐焙一下，就可以吃了。满嘴的肉肉，比在武汉吃油焖大虾过瘾！

然而泡桐林最热闹的时候，则是大雨过后。雨后，地下的蝉的若虫会爬到靠近洞口的地方。下雨后你去树下看，会看到地上一个个绿豆大的小洞口，用手轻轻挑开，里面就是一只“爬

1 毛泡桐
2 毛泡桐的花
3 兰考泡桐
4 兰考泡桐的果实
5 白花泡桐
6 白花泡桐的果实

叉”了。用一个小木棍伸进去，就可以把它“钓”起来——那种满足感，无与伦比。有时，“钓”还嫌太费劲，就会有几个人像寻宝一样扛着铁锨，把整个泡桐树林全部翻一遍。

现在，村北的那片泡桐树林几乎已经不存在了，树砍了，圈成院子，盖了房子。里面还有我家的二分自留地，也已经围了起来，里面有几棵杨树，是后来老爹把泡桐砍掉卖了，又新栽的杨树。去年我去看，已经有30多厘米粗了。

爬山虎

拍植物十几年，早习惯了按照科学的记录要求，拍根、茎、花、果实，拍正面、反面、侧面，而从不拍“艺术照”。但从今年开始，我也开始用大光圈、换角度，躺着、趴着、倚着去拍一些“小清新”的植物照片。回想起来，大概是从那次跟朋友去云雾山玩，看到满房子的爬山虎开始的吧。

除了能吃、能用的，野生植物中，爬山虎可能是除了狗尾草之外最亲民的了。只要是看到墙上或是树上爬满了手掌一样的绿叶，大家都会说那是爬山虎。而且，十有八九也是不会错的。

有一位朋友住在大山里，房子是用当地的石材造的。房子外面爬满了爬山虎，有的甚至穿过窗户的空隙爬到了屋里，还有几枝从门框的一边爬到了另一边，其中一枝可能没有抓牢，掉了下来，悬在半空。从屋里向外看，几片叶子悬在阳光里，随风摇曳，自在而懒散。

我问他为什么要栽爬山虎。他说，起初并没有爬山虎，房子建好时，为了让它在青山绿水间能被大家看见，他用颜料在外墙画满了色彩鲜艳的涂鸦。结果涂好后，房子却并没有想象中的美感，自己住着也觉得不自在。于是，索性种下许多爬山虎遮住了那些涂鸦。我扒开叶子，果然看到了里面的五颜六色。

他又说，别看房子外面现在一片青绿，似乎色彩单调，可到了秋天，房子就又会变成魔幻般的五彩斑斓呢！我一直没有在秋天去看过朋友的石头房子，头脑里却总是忘不了他说起秋天爬山虎墙壁时似乎闪着亮光的表情。直到前几日趁着天晴，给自己放了一天的假，去了磨山。在盆景园，看到秋日里一片爬在白色墙壁上的爬山虎，我才明白了在朋友表情的背后，是一种什么样的色彩。

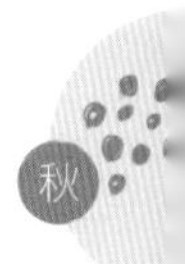

虽然平日看到过太多的爬山虎，但那天秋日里五彩的爬山虎我也是第一次见。那些绿中带青、青中带黄、黄中又有隐红的叶片；那种绿、青、黄、橙、红、灰，色彩参差的感觉，寥寥几言难以描述。拍成照片再看，虽然漂亮，但是感觉不到现场的气氛。

那日的爬山虎为何如此妖娆？我想离不开秋日、白墙的衬托。不过，作为一种红叶植物，武汉的爬山虎缺乏它华北或山地亲属们的光照和温差条件，在秋冬季节的叶片颜色变化本就

1 地锦
2 地锦
3 地锦的果实
4 地锦草
5 地锦草

不甚明显。再加上攀爬在灰暗的墙壁、高架桥桥墩、公路边的水泥硬化区等地方，阴暗稠密，覆满灰尘，所以才掩盖了它原有的美丽吧。

爬山虎,《中国植物志》里叫作“地锦”，属于葡萄科地锦属。地锦属植物有十几种，园林上常用的有三叶地锦、五叶地锦、异叶地锦等。三叶地锦的叶是三枚小叶构成的复叶；五叶地锦原产北美，它的掌状复叶有五枚小叶；异叶地锦则较为特殊，它的短枝上生长的是三小叶的复叶，长枝上则是椭圆形的单叶。相比于“地锦”，我觉得爬山虎这个名字更加贴切。在不少植物志里，如《河南植物志》《山东植物志》《北京植物志》等，还是使用了“爬山虎”这个名字。还有一种常见的大戟科小草也叫“地锦”。《中国植物志》里爬山虎的正式名字选择了“地锦”，大戟科的“地锦”就只能叫作“地锦草”了。

卫矛为什么叫卫矛

武汉虽然四季常绿，但到了秋天，也不乏红叶和秋景。到了深秋，爬上东湖之滨的磨山，可以看到黄绿斑驳的爬山虎、深红的乌桕树、湖边金黄到赭石的池杉林，还有叶子已经变得鲜红的卫矛。卫矛不像桃花、樱花，春天里繁花满树，也不像芭蕉、海芋，有翠绿硕大的叶片。卫矛粗看起来，就是一种最没有“特点”的灌木。我以前想，这种不起眼的小灌木为什么会作为园林植物呢？看到红叶我才大概明白了几分。

卫矛春天开绿色的小花，秋天结果。卫矛的小果子成熟后果皮会“啪”地炸开，露出里面鲜红色的假种皮。鸟儿喜欢红色，这鲜艳的颜色是为吸引鸟儿的。卫矛是卫矛科、卫矛属的植物，武汉还有一种常见的卫矛属植物白杜，又叫丝棉木，通常是高大的乔木。学校里有一棵，长得老高，冬天时树叶落尽，红红的果果衬着蓝天，看起来十分可爱，鸟儿当然喜欢得要死。有时候你去看，树上能站十几只鸟，有白头鹎、黑尾蜡嘴雀、灰喜鹊还有喜鹊。

每次带学生上野外植物课程的时候，都会有学生问，这个卫矛，为什么叫卫矛啊？

卫矛的拉丁学名叫作 ***Euonymus alatus***。***Euonymus*** 指卫矛属，***alatus*** 是“带翅的”的意思。合起来，就是“带翅膀的卫矛”。

“卫矛”这个中文名，最早出现在《神农本草经》里，该书还记录了卫矛的另一个名字“鬼箭羽”。《本草经集注》中解释：“……其茎有三羽，状如箭羽，世皆呼为鬼箭。”《论衡·儒增》有言道：“楚熊渠子出，见寝石，以为伏虎，将弓射之，矢没其卫。”可见“卫”即指箭羽。再看卫矛的枝条，上面有枝翅，顶端有冬芽，就像是前有箭头，后有箭羽（卫）。如此，我好像弄明白“卫矛”何以叫“卫”了。

那为何“卫矛”名中又有“矛”呢？

原来古代的矛头或箭镞，大都两侧开锋，中间有脊，截面近似菱形。再仔细看卫矛的冬芽，它不像一般植物的芽那样圆润，而是有四个棱的类菱形体，形态与箭（矛）头极为相似呢。

1 卫矛
2 卫矛的种子
3 卫矛的种子
4 卫矛的枝条
5 卫矛的花

一件“黄马褂”

鹅掌楸是木兰科植物，五月中旬开花，花香有蜜，由蝇类和蜂类给花授粉。木兰科植物中，有不少都属于濒危物种，鹅掌楸就是其中之一。

作为观赏植物，与其他木兰科“亲友”相比，鹅掌楸比较独特。别的木兰类植物，如玉兰、紫玉兰、二乔玉兰等是早春赏的花，而鹅掌楸却是金秋赏的叶。它的叶子四裂，形似小衣服，所以鹅掌楸又叫“马褂木”。

2014 年到 2016 年间，湖北省在做保护植物的调查工作，鹅掌楸也是被调查对象之一。那时在神农架见了不少它的野生植株。鹅掌楸的花确实很一般，浅绿色，不太显眼。秋天才是它“表演”的时刻，秋高气爽，蓝天白云下一树的金黄，确是美不胜收。

1 鹅掌楸
2 鹅掌楸的聚合果
3 鹅掌楸的叶
4 鹅掌楸的花

这时再看它的叶子，就成了天然的“黄马褂”！清朝时，能得到皇上的黄马褂，那是无上的荣光。电视剧《神医喜来乐》里，喜来乐给一位妃子医好了重病，龙颜大悦，赏了一件黄马褂。但没出息的徒弟德福偷穿师父的黄马褂到街上白吃白喝，结果险些招来杀身之祸。现在，只要有棵鹅掌楸，到了秋天，你想赏自己多少件“黄马褂”都行。

鹅掌楸属目前只有两种，一种分布于我国，另一种则生活在北美。我们又把鹅掌楸叫作“马褂木”，那是因为我们的传统服饰里有“马褂”这个东西。生活在北美的原住民则把北美鹅掌楸叫作 Canoewood（独木舟树），从名字里就能看出北美鹅掌楸在美洲原住民中的用途了。

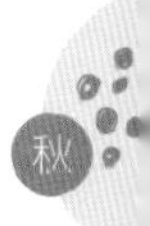

不过，现在园林种植的鹅掌楸多是以中国鹅掌楸为母本，以北美鹅掌楸为父本培育出的杂交种，即杂交鹅掌楸。杂交鹅掌楸是 1963 年由南京林业大学林业育种专家叶培忠先生和他的助手一起培育成功的。中国鹅掌楸花较小，绿色；北美鹅掌楸花较大，偏黄色；杂交种花色介于二者之间，更偏向北美种。

南国的樟树

樟树是长江流域最常见的行道树了，四季常青，树形优美，好种好活还能避蚊虫。樟树做行道树是再合适不过了。

从夏天到秋冬，如果你不用手揉搓樟树的叶子是很难闻到它的“樟”味的。每年清明前后，是樟树长嫩叶子的时候，这时候你如果在樟树林子里玩耍，就会闻到樟树散发的阵阵清香。摘一片樟树的叶子，你会发现它的叶脉基部有几个颜色稍浅的小疙瘩，这是它的腺窝。樟树的香味就是从这些腺窝散发出来的。

樟树的香味来自它体内含有的天然樟脑成分，所以樟树也曾经是提取樟脑的主要原料。在几十年前，樟脑丸还是生活中的必需品，放在衣柜、书橱里，可以防止蛀虫的破坏。现在，家庭中使用樟脑丸的情况已经越来越少，但在动植物标本馆里，特别是保存昆虫标本时，樟脑丸还是常用的防虫剂。

小时候在老家，樟脑被叫作“臭蛋儿”。除了防虫，在小孩子的手里，它还有一个更“重要”的用途——圈蚂蚁。

在地上找到一只蚂蚁或是一个蚂蚁窝，用樟脑丸画一个圈，把蚂蚁（窝）围在中间，哈哈，蚂蚁就出不去了。每当爬到樟脑丸的划痕那里，蚂蚁就会退回去，循环往复，总是出不来。这样一个简单的游戏，孩子们也会玩上大半天，不知疲惫，兴致盎然。

小时候玩圈蚂蚁，却从来没有见过樟树。上大学来到武汉，校园里的乔木中，最多的可能就是樟树。珞珈山上，除了落叶的小叶栎，就是常绿的青冈栎和樟树。冬日从樱顶老图书馆望向珞珈山，灰绿相间，斑斑驳驳。绿的是樟树和青冈栎，灰色的大多就是小叶栎的枝丫。到了春天，灰色的部分慢慢变成鹅黄、鲜绿，那是小叶栎在长出新叶。珞珈山的春天，不只是烂漫的樱花，更有小叶栎和青冈栎、樟树等合奏出来的山的“味道”。

樟树常绿，但秋天仍然会给你送上或黄或红的彩叶。校园里樟树的落叶，要么金黄，要么橙红，更有碧绿与鲜红相间，比起樱花大道一片金黄的银杏，更加多姿多彩。秋天的樟树还是鸟儿们的天堂，成熟的樟树果实是鸟儿们最喜欢的口粮。所以在秋天的樟树上，经常可以看到成群的丝光椋鸟、灰椋鸟、白头鹎或是乌鸫嬉戏打闹，然后熟透的果实混合着已被消化掉果肉的种子，噼噼啪啪地落到地上，落在停在树下的汽车上，甚至落在路过树下的行人身上，这也是秋天鸟儿和樟树一起送给武汉人的特别“福利”。

1 樟树
2 吃樟树果的乌鸫
3 樟树的花
4 樟树的果实

春 夏 秋 冬

木芙蓉

虽说武汉是一座“四季有花”的城市，可到了初冬时节，比起春夏，正在开花的植物还是少了许多。草地上偶尔还能看到通泉草星星点点的蓝紫色小花，却也有点瑟缩的感觉，远没有六七月时的欢快爽朗。

木槿和木芙蓉同属锦葵科木槿属，夏末秋初开始开花，在温暖的武汉，花期可以一直延续到初冬。院子里有几棵木槿，花谢不久，有些果实已经成熟裂开，里面露出带毛的种子。锦葵科植物的种子很多都有纤毛，比如纺纱织布的棉花，就是锦葵科棉属几种植物种子上的纤毛。木槿种子两面光滑，只是在周围长有一圈的纤毛，看着有点像长了长毛的小螃蟹，只是没有爪子。木芙蓉种子上的纤毛比木槿还要少一些，只有稀稀拉拉的几根，看上去不及木槿种子可爱。不过，木芙蓉的果子自然裂开，种子脱落后留下的干燥果皮却别有一番韵味，拿回家插进花瓶里，也是种别致的干“花”。

《古诗十九首》中有云：“涉江采芙蓉，兰泽多芳草。采之欲遗谁，所思在远道。”不过这里的“芙蓉”是指荷花。古时“芙蓉”一名二物，故而又将生于陆地的小乔木者，叫作“木芙蓉”。白居易诗《木芙蓉花下招客饮》：

晚凉思饮两三杯，召得江头酒客来。

莫怕秋无伴醉物，水莲花尽木莲开。

这里，水莲指荷花，木莲即指“木芙蓉”。江城六到八月荷花盛开，八到十月木芙蓉满树，花期接得刚刚好。木芙蓉花开秋冬，又名“拒霜花”。苏轼诗《和陈述古拒霜花》云：“千林扫作一番黄，只有芙蓉独自芳。”秋来百花残，除了满山的野菊，也只有这木芙蓉开得欢。

木芙蓉有点像老家种的棉花，就是木芙蓉个儿大了点，大号的棉花。但是相比起来，棉的花儿倒是比木芙蓉更好看，颜色也多一些。木芙蓉花色一般是粉色或白色，所以它的英文名字叫 Cotton Rose——“棉花玫瑰”。棉种子上的纤毛对人类作用重大，所以，虽然棉的花也很漂亮，但我们几乎完全忽略了它。而种子纤毛无用的锦葵、木槿、木芙蓉等，却成了花园里的宠儿。这也许就是所谓的“上帝给你关上一道门，同时给你打开一扇窗”。

1 木芙蓉
2 木芙蓉
3 木芙蓉
4 木芙蓉的果实
5 木芙蓉的种子

银　杏

立冬前后，是看银杏最好的时候。早一些，黄叶还参差不齐，不够热烈；晚一些，叶子开始飘落，树上就会越来越稀疏了。立冬前后的银杏树满树金黄，再衬上武汉秋天又高又蓝的天，真是城市里难得的通透、开朗的景象。所以，银杏树不光折服了我们，同时也折服了世界爱美的人们。

现在银杏树在世界各地都不少见，但这是人工种植的结果。银杏科植物早在侏罗纪时，是北半球以及南半球部分地区的常见植物。第三纪冰川引起气候骤变，导致银杏科植物几乎绝迹。只有在中国的少数几个地方，如浙江天目山、湖北巴东等，银杏作为仅存的一个物种，生存了下来。

银杏生存在人迹罕至的大山里，在北宋之前，人们对它几乎还没有什么认知。在北宋年间，银杏还是皇家御苑的珍品。北宋何薳所著的《春渚纪闻》中说：“元丰间，禁中有果名鸭脚子者，四大树皆合抱。”有趣的是，书中还写道：“其三在翠芳亭之北，岁收实至数斛，而托地阴翳，无可临玩之所；其一在太清楼之东，得地显旷，可以就赏，而未尝著一实。裕陵尝指而加叹，以谓事有不能适人意者如此。”银杏是雌雄异株的植物，太清楼之东的一棵，显为雄株。而其时之人尚不明白银杏的这一特征。到了明朝，李时珍说，“银杏生江南，以宣城者为胜。树高二三丈，叶薄、纵理，俨如鸭脚形，有刻缺，面绿背淡……须雌雄同种，其树相望乃结实”，对于银杏的叶形、叶脉等形态特征以及雌雄异株的特性，已经十分清晰。

银杏的“果子”俗称“白果”。但银杏是裸子植物，其实不结果实，只产生种子。银杏种子的外种皮是肉质的，熟时橙黄色裹白粉，有臭味；中种皮骨质，白色；内种皮膜质，淡红褐色。银杏臭烘烘的黄色“果肉”其实是它的外种皮。植物的果肉一般是吸引动物来帮它传播种子的“诱饵”，那么，银杏的肉质种皮是给谁吃的呢？银杏在侏罗纪时期最为繁盛，所以有人推测，银杏的“果肉”可能是某些恐龙的食物。而在现代，有报道说，有人在天目山看到了果子狸吃银杏，在湖北看到了豹猫吃银杏，在日本看到了貉吃银杏，这些动物可能都是银杏种子的传播媒介。

人类爱银杏，更多还是出于欣赏它秋季的黄叶。在植物界，

1 银杏
2 银杏
3 银杏的叶
4 银杏的雄球花
5 银杏的雌球花

种子和果实的成熟往往伴随着叶子变成鲜艳的红、黄色。有科学家认为，叶子的变色，可能是植物打出的“广告牌”。因为果实成熟后，植物“母亲”就需要把鸟儿或其他动物吸引过来。但果实一般较小，再加上树叶的阻挡，吸引力总是有限。于是植物“母亲”摇身一变，满树鲜红橙黄，吸引鸟儿来带着自己的“孩子”去往远方。

落叶意味着生命的逝去。而对于银杏，落叶时既是最美的华彩乐章，也寄托着新生命的开始。

春去冬来，又是一年。

火棘又叫“救军粮”

火棘，是蔷薇科火棘属的常绿小灌木。火棘春季开白色的小花，花虽不大，但千百朵挤满枝头，也自有一种春天的生动与活力；秋季果实成熟，冬季不落，满树火红的小果子，掩映在白雪间，则是冬天难得的热烈和欣喜。所以，火棘是城市绿化中常用的植物，在我们的身边随处可见。

火棘不仅美观，它的果实还富含淀粉，磨粉后可作为“粮食”充饥。它在四川、湖北一带还有一个名字叫“救军粮”。传说古代一支军队被困，军粮用尽，饥饿难耐，然而柳暗花明，他们突然发现成片红彤彤的火棘果，然后他们得救了……因此，火棘又名“救军粮”。

东汉建安十三年（公元208年），赤壁之战后，曹、孙、刘三方之间重新达成新的战略均衡。兵家必争之地荆州被曹、孙、刘瓜分。为了能与挟天子以令诸侯的曹操抗衡，刘备两次向孙权提出借南郡。鲁肃认为刘备与曹操的对抗有利于东吴，于是孙权便借南郡与刘备。

谁知刘备得荆州之后迅速扩张地盘，让东吴开始有所忌惮。此时，东吴“亲刘派”鲁肃已死，吕蒙代其位，此人是坚决的“反刘派”。

于是，建安二十四年（公元 219 年），关羽进攻襄阳、樊城之时，吕蒙伙同曹操过江偷袭荆州，关羽溃败，被吕蒙擒获斩首。

建安二十七年（公元 222 年），刘备亲率大军进抵猇亭，建立了大本营。但东吴大将陆逊却采取了战略防御，避而不战。刘备几万人马只得在夷陵一带山间安营扎寨。

传说刘备扎营之后，派人将蜀军部署图送予诸葛亮。诸葛亮看后大惊，忙从后园折了一根缀满红果子的枝条交予信使，说：火速回去，将此物交予主公，他自会明白。

刘备看到信使带回的果枝，大喜！他对军士们说，看，军师要给我们送军粮来了！

蜀军营寨皆由木栅筑成，周围又全是树林、茅草。这让陆逊看到了反击决战的机会。陆逊命令吴军士卒各持茅草一把，趁夜突袭蜀军营寨，顺风放火。顿时间火势猛烈，陆逊乘势发起反攻，蜀军大败。刘备仓皇奔逃，并于次年四月，病故于白

1 火棘
2 火棘的叶
3 火棘的花
4 火棘的果实
5 火棘的果实

冬

帝城（永安城，今四川奉节），蜀汉自此走向衰亡。

原来，故事里诸葛亮送给刘备的是一枝火棘。诸葛亮在看完刘备送来的部署图后发现：蜀军扎营于地形狭窄的山林草莽之间，对方如用火攻，大军必败！但修书一封让信使带回，又恐半路被东吴截获。孔明先生是何等聪明！他折火棘喻意“火计”，提醒刘备提防对方火攻，可结果……

看来刘备虽然认得“救军粮”，恐怕却不知道这种植物还有个名字叫火棘！

你看，多认识花花草草，还是很有必要的吧。

蜡烛与植物

许多人都知道唐代诗人李商隐的名句“春蚕到死丝方尽，蜡炬成灰泪始干”。作为一名光荣的人民教师，我对蜡烛更是情有独钟。我想知道，古人是如何制作蜡烛的呢？

制作蜡烛，材料无非蜡和烛芯。现代的蜡烛，使用的是石油工业提取的石蜡。古代没有发达的石油工业，人们用的蜡都是来自天然生物的“绿色”产品。古代的蜡根据色泽科分为两种，即“白蜡”和“黄蜡”。白蜡一般是白蜡虫的分泌物；而黄蜡又称蜂蜡，是蜜蜂修筑巢脾的原料。

白蜡虫又叫白蜡蚧，是一种营寄生生活的同翅目昆虫。白蜡虫多寄生在女贞、小蜡、水蜡、白蜡、对节白蜡等植物上。在武汉，梧桐和复羽叶栾树上也常见到白蜡虫。每年七八月份，在梧桐树的叶和茎干上常能看到一层薄薄的白色絮状物质，那就是白蜡虫分泌的“蜡花”。凑近看，你还能看到穿着白色蜡衣的白蜡虫。如果将这些蜡花收集、熬制、过滤、定型，制成的就是白蜡了。

“白蜡”最早在魏晋时期的《名医别录》中已有记载，宋、元时，人们已经广泛使用白蜡。李时珍在《本草纲目》中还记载了白蜡虫的养殖：“今人不知女贞，但呼为蜡树。立夏前后，取蜡虫之种子，裹置枝上，半月，其虫化出，延缘枝上造成白蜡，民间大获其利。”

除了白蜡虫，武汉街头随处可见的乌桕树，种子也是获得白蜡的一种途径。乌桕主要分布于我国黄河以南各省区，属于大戟科乌桕属。种子外被有蜡质假种皮，称为“桕蜡”。《中国植物志》记载：“叶为黑色染料，可染衣物。根皮治毒蛇咬伤。白色之蜡质层（假种皮）溶解后可制肥皂、蜡烛；种子油适于涂料，可涂油纸、油伞等。”

现在蜡烛的芯都是用棉线做的，而古代的烛芯却是一种草——灯心草。灯心草是灯心草科植物，从黑龙江到西藏云南都有分布。灯心草的茎髓干燥后洁白如丝，柔软如棉。《品汇精要》中记载：“灯心草，莳田泽中，圆细而长直，有簳无叶。南人夏秋间采之，剥皮以为蓑衣。其心能燃灯，故名灯心草。”《开宝本草》中记载：“灯心草，生江南泽地。丛生，茎圆细而长直，人将为席。”武汉周边的稻田水泽边，野生的灯心草到处都是。

有了蜡，有了烛芯，不妨试着做一支“古代”的蜡烛。

1 白蜡树
2 乌桕
3 乌桕的种子
4 野灯心草
5 野灯心草的茎

真实的雪绒花

相信很多人都知道那曲脍炙人口的《雪绒花》。一想起雪绒花，就想起圣诞节，想起商店玻璃窗上装饰的雪花，想起红外套、白胡子的圣诞老人。不过，歌中的“雪绒花”指的可不是飘飞的雪花，而是一种真实存在的植物。

“雪绒花”的真名叫做高山火绒草，是菊科火绒草属的一种野草。在整个地中海的北岸，从伊比利亚半岛到亚平宁半岛，过爱琴海到安纳托利亚高原再延伸到里海的几座山脉上，几乎都有它的分布。

《雪绒花》是 1959 年在美国百老汇上演的音乐剧《音乐之声》中的著名歌曲，由理查德·罗杰斯作曲，奥斯卡·汉默斯坦二世作词。音乐剧《音乐之声》上演之后大获成功。1965

年，美国20世纪福克斯电影公司拍摄的同名电影上映，获得第30届奥斯卡金像奖5项大奖，使得《音乐之声》的故事和歌曲更加世界闻名。

《雪绒花》是剧中男主角崔普上校演唱的一首歌曲。崔普是奥地利海军的一位军官，在第一次世界大战中战功赫赫。1938年纳粹德国吞并了奥地利，实现了“德奥合并”。纳粹要求崔普上校加入德国海军，为德意志第三帝国服务。崔普上校拒绝了纳粹的要求，在音乐节上演唱了这首歌曲后，带着家人翻越阿尔卑斯山，逃离了纳粹的魔爪。《雪绒花》其实是一首表达对祖国热爱、忠贞的歌曲。

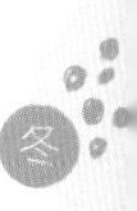

在法国、瑞士、德国、奥地利、匈牙利、罗马尼亚等许多欧洲国家，“雪绒花”具有特殊的文化和历史意义。高山火绒草生长在海拔1000～3200米的崖壁上，因此，拥有此花象征着拥有勇敢坚毅的品格和高超的登山技术。在一些地方，给心爱的人送雪绒花，代表着一种郑重的承诺。在奥地利、瑞士等国家，它更是成为了一种国家民族的象征。在电影《拯救大兵瑞恩》中，就出现了一位胸前佩戴着“雪绒花”的德国士兵，他在临死前郑重整理了自己胸前的那朵代表着坚强和毅力的花。直到今天，高山火绒草仍是德国高山部队的标志，奥地利的1先令硬币、欧元的2欧分硬币，还有罗马尼亚的50列伊纸币上，都有高山火绒草的图案。

相比欧洲，火绒草在中国其实更为常见。火绒草属约有58

种，中国就有 37 种，其中还有 17 种为中国特有种，主要分布在西部和西南部山区。

火绒草属植物生长在高山的崖壁上，它们的身上多覆盖着厚厚的绒毛，是对高海拔地区低温、干旱环境的适应。这些绒毛晒干很容易被点燃，旧时被作为引火的材料，所以得名“火绒草”。

中国火绒草属植物虽然主要分布于西南地区，但在湖北仍有一个种——薄雪火绒草分布，在鄂西高山崖壁上，经常可以看到。

1　弱小火绒草
2　薄雪火绒草
3　薄雪火绒草
4　钻叶火绒草
5　钻叶火绒草

蜡梅与梅

武汉东湖磨山有个梅园，梅、蜡梅都有，种类也颇多。进去过几次，每棵树的品种标注并不多见，和普通的梅园相比并没有多大区别。

武汉的蜡梅每年十一月初就开始陆续开花，然后到过年时集中开放，一直到翌年三月还能看到新鲜开放的蜡梅。蜡梅的颜色并不是十分的显著，嫩黄，花心有时候有点紫色。花瓣渐尖或是椭圆，长或短。其实在我看来，如果单从观赏角度去看蜡梅，蜡梅并不是那么好看，它的美全在于它的香气。

以前在博物馆看到一幅宋徽宗赵佶的《蜡梅山禽》图，里面画有蜡梅和两只白头鹎。虽然其中之蜡梅不是很写实，但已勾起我对蜡梅的兴趣。翻看网上图片，发现这种灌木从广东到东北都有种植，但它的原产地在鄂西和重庆一带。蜡梅是中国特产，但中国特产的蜡梅不止蜡梅一个物种，还有突托蜡梅、西南蜡梅、山蜡梅、柳叶蜡梅等。那个时候就想为什么只有蜡梅到处种，其他蜡梅呢？我跑遍了蜡梅的所有产地，浙江丽水、云南禄劝、贵州邓州、江西三清山、湖北保康等地。最后发现除了冬季开花、花朵小巧、花色怡人、花形可爱之外，最大的原因就是它的气味清香，而其他种的蜡梅花香并不是那么好闻。

《梅》为北宋文学家王安石之作：

墙角数枝梅，凌寒独自开。

遥知不是雪，为有暗香来。

既然梅有蜡梅和梅花，王安石当时写的是哪种梅呢？在诗中，我们可以看到梅的两个意象，即颜色为“雪”且有香味。蜡梅整体偏黄，但在蜡梅的品种里有一些种类是偏白的，如“玉冰凌”“江南白”“白龙爪”等。而梅也有白色的品种，如“玉蝶”“江白”等。武汉的蜡梅腊月已经到了盛花期，而梅开花比蜡梅稍晚，但两者花期有重叠。所以，如从颜色去推，诗中之梅可能是梅，也可能是蜡梅。

有一首很多人耳熟能详的歌曲《红梅赞》，是描写英雄的电影《烈火中永生》的主题曲。但梅的颜色远不止红色，还有粉色、绿色、白色、黄色，如宫粉、绿萼、玉蝶、黄香等品种群。我们常说的红梅属于朱砂品种群，而玉蝶类梅，花色就是白色为主。

蜡梅是有香味的，梅花有香味吗？当然有，你看春天的时候，小蜜蜂最喜欢在桃、杏、梅、李的花上妙曼飞舞。但因为梅花太好看，人们赏梅之时，多被梅的颜色所吸引，是否有花香可能很多人就忽略了。

不过梅之香与蜡梅之香有点不一样。以我个人感觉，蜡梅的香味可以香遍五脏六腑，怎么闻也不会腻。但梅之香，我只能香到鼻腔，最多香到喉部。蜡梅之香可以飘散很远，好像天儿越冷越能闻到蜡梅的香。蜡梅是喜欢冷的，武汉的蜡梅开花起码比鄂西高山的蜡梅晚一个月。但是梅花的香味如果你不凑近去闻，是很难觉察的。由此，王安石诗中所描述的梅很可能是蜡梅。而卢钺的《雪梅》：

梅雪争春未肯降，骚人搁笔费评章。
梅须逊雪三分白，雪却输梅一段香。

其中之梅我想大概蜡梅和梅花都是有可能的。

蜡梅除了赏花、提炼精油之外，可能没有其他用途。蜡梅果实没有果肉，种子里还有有毒的蜡梅碱。在金沙江边找西南蜡梅的时候，给我们带路的老乡说，很早以前有人就收集西南蜡梅的种子，砸碎后放到肉里用来毒杀豹子——当然，现在禁止猎杀野生动物，这样做是违法的。

梅则不一样，花时赏花，果时收梅。所以，梅分花梅和果梅。

花梅观花，果梅主要收果。但梅子熟了也是不能直接往嘴里扔的，需要加工后才可食用，不然会酸掉牙。“望梅止渴”的典故说的就是曹操利用梅子的这一特性让士兵生津止渴。梅子一般加工制成各种蜜饯或果酱，或做成乌梅供药用。

梅在一千多年前由中国传入日本，不过当时引入的不是梅花树，而是作药用的乌梅。有学者认为“梅”的日语发音就来自乌梅的汉语发音。不过现在日本人也赏梅，就像我们赏樱一样。在日本，“梅醋”和盐一样，是必不可少的调味品。日本民间会以新鲜乌梅制成果酱，每天少量食用。日本有一系列乌梅健康膳食，如乌梅酱、梅杂烩、梅茶饭、梅虾段、梅鱼汤、梅咸菜、梅饮料等。

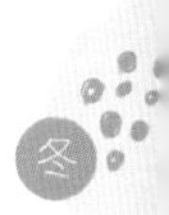

梅子成熟时，采集点新鲜的梅子洗净晾干，买点老冰糖，再买点好的底酒，把梅子和冰糖放进去避光保存几个月。等亲朋好友来访，拿出来一起品尝。只是，曹操与刘备喝梅子酒聊的是天下之事，我们聊的是明天要不要出去看看鸟、看看花。

1 蜡梅
2 蜡梅
3 梅（玉蝶）
4 梅的果实
5 梅的果实
6 梅（宫粉）
7 梅（宫粉）
8 梅（绿萼）

(鄂)新登字08号
图书在版编目(CIP)数据

身边的草木/杜巍著. — 武汉：武汉出版社，2021.9
ISBN 978-7-5582-4893-1

Ⅰ.①身… Ⅱ.①杜… Ⅲ.①植物-普及读物
Ⅳ.①Q94-49

中国版本图书馆CIP数据核字(2021)第181351号

身边的草木

著　　者:杜　巍
责任编辑:刘从康
封面设计:黄彦301工作室
督　　印:方　雷　代　湧
出　　版:武汉出版社
社　　址:武汉市江岸区兴业路136号　邮　编:430014
电　　话:(027)85606403　85600625
http://www.whcbs.com　E-mail:zbs@whcbs.com
印　　刷:湖北新华印务有限公司　经　销:新华书店
开　　本:787 mm×1092 mm　1/32
印　　张:5.5　字　数:115千字
版　　次:2021年9月第1版　2021年9月第1次印刷
定　　价:48.00元

版权所有·翻印必究
如有印装质量问题,由本社负责调换。